主编 欧阳自远

嫦娥书系

翱翔九天
从人造卫星到月球探测器

张 焘著

上海科技教育出版社

嫦娥书系

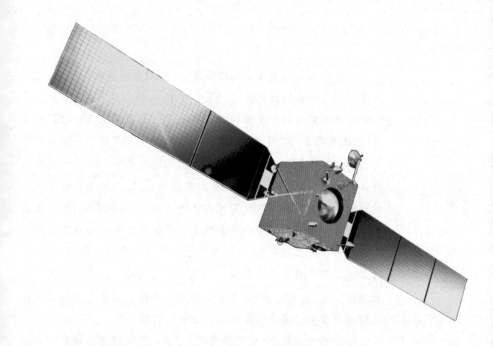

■ 主编的话

　　21 世纪是人类全面探测太阳系的新时代。当代的太阳系探测以探测月球与火星为主线，兼顾其他行星、矮行星、卫星、小行星、彗星和太阳的探测；研究内容涉及太阳系的起源与演化，各行星形成和演化的共性与特性，地月系统的诞生过程与相互作用，生命的起源与生存环境，太阳活动与空间天气预报，防御小天体撞击地球及由此诱发的气候、生态的环境灾变，评估月球与火星的开发前景，探寻人类移民地外天体的条件等重大问题。

　　月球是地球唯一的天然卫星，是离地球最近的天体。自古以来，她寄托着人类的美好愿望和浪漫遐想，见证着人类发展的艰难步伐，引出了许多神话传说与科学假说。月球也一直是人类密切关注和经常观测的天体，月球运动和月相的变化不仅对人类的生产活动发挥了重大作用，还对人类科学技术的发展和文明进步产生了广泛而深刻的影响。

月球探测是人类走出地球摇篮,迈向浩瀚宇宙的第一步,也是人类探测太阳系的历史开端。迄今为止,人类已经发射110多个月球探测器,成功的和失败的约各占一半。美国实现了6次载人登月,人类获得了382千克的月球样品。月球探测推动了一系列科学的创新与技术的突破,引领了高新技术的进步和一大批新型工业群体的建立,推进了经济的发展和文明的昌盛,为人类创造了无穷的福祉。当前,探索月球,开发月球资源,建立月球基地,已成为世界航天活动的必然趋势和竞争热点。我国在发展人造地球卫星和实施载人航天工程之后,适时开展了以月球探测为主的深空探测。这是我国科学技术发展和航天活动的必然选择,也是我国航天事业持续发展,有所作为、有所创新的重大举措。月球探测将成为我国空间科学和空间技术发展的第三个里程碑。

　　中国的月球探测,首先经历了35年的跟踪研究与积累。通过系统调研苏、美两国月球探测的进展,综合分析深空探测的技术进步与月球和行星科学的研究成果,适时总结与展望深空探测的走向与发展趋势。在此基础上,又经历了长达10年的科学目标与工程实现的综合论证,提出我国月球探测的发展战略与远景规划,系统论证首次绕月探测的科学目标、工程目标和工程立项实施方案。2004年初,中央批准月球探测一期工程——绕月探测工程立项实施。继而,月球探测二、三期工程列入《国家中长期科学和技术发展规划纲要(2006~2020年)》的重大专项开展论证和组织实施。中国的月球探测计划已正式命名为"嫦娥工程",它经历了2004年的启动年、2005年的攻坚年和2006年的决战年,攻克了各项关键技术,建立了运载、卫星、测控、发射场和地面应用五大系统,进入了集成、联调、试运行和正样交付出厂,整个工程按照高标准、高质量和高效率的要求,为2007年决胜年的首发成功,打下了坚实的基础。

　　中国的"嫦娥一号"月球探测卫星,为实现中华民族的千年凤愿,即将飞出地球,奔赴广寒,对月球进行全球性、整体性与系统性的科学探测。为了使广大公众比较系统地了解当今空间探测的进展态势和月球探测的历程,人类对月球世界的认识和月球的开发利用前景,中国"嫦娥工程"的背景、目标、实施过程和重大意义,上海科技教育出版社在三年前提出了编辑出版《嫦娥书系》的创意和方案,与编委会共同精心策划了《逐鹿太空》、《蟾宫览胜》、《神箭凌霄》、《翱翔九天》、《嫦娥奔月》和《超越广寒》六本科普著作,构成一套结构完整的"嫦娥书系"。该书系的主要特点是:

(1) 我们邀请的作者大多是"嫦娥工程"相关领域的骨干专家,他们科学基础坚实,工程经验丰富,亲身体验真切,文字表述清晰。他们在繁忙紧张的工程任务中,怀着强烈的责任感,挤出时间,严肃认真,精益求精,一丝不苟,广征博引,撰写书稿。我真诚地感激作者们的辛勤劳动。

(2) "嫦娥书系"是由六本既各自独立又互有内在联系的科普著作构成的有机整体。其中《逐鹿太空——航天技术的崛起与今日态势》,系统讲述人类航天的艰难征途与发展,航天先驱们可歌可泣的感人故事;《蟾宫览胜——人类认识的月球世界》,系统描述人类认识月球的艰辛历程,由表及里揭示月球的真实面目,追索月球的诞生过程;《神箭凌霄——长征系列火箭的发展历程》,系统追忆中国长征系列火箭的成长过程并展示未来的美好前景,是一首中国"神箭"的赞歌;《翱翔九天——从人造卫星到月球探测器》,系统叙述中国各种功能航天器和月球探测器的发展沿革,展望未来月球探测、载人登月与月球基地建设的科学蓝图;《嫦娥奔月——中国的探月方略及其实施》,系统分析当代国际"重返月球"的形势,论述中国月球探测的意义、背景、方略、目标、特色和进程,是当代中国"嫦娥奔月"的真实史诗;《超越广寒——月球开发的迷人前景》,是一支开发利用月球的科学畅想曲,展现了人类和平利用空间的雄心壮志与迷人前景。

（3）"嫦娥书系"力求内容充实、论述系统、图文并茂、通俗易懂，融知识性、可读性、趣味性与观赏性于一体。

（4）"嫦娥书系"无论在事件的描述上还是在人物的刻画上，都力求真实而丰满地再现当代"嫦娥"科技工作者为发展我国航天事业而奋斗、拼搏、奉献的精神和事迹，书中还援引了他们用智慧和汗水凝练的研究成果、学术观点和图片资料。特别值得一提的是，书系在写作过程中还得到了他们的指导、帮助、支持与关心。虽然"嫦娥书系"作为科普读物，难以专辟章节一一列举他们的名字，书写他们的贡献，我还是要在此代表编辑委员会和全体作者对他们表示衷心的感谢和深深的敬意。

在这里我要特别感谢上海科技教育出版社精心的文字编辑和装帧设计，使"嫦娥书系"以内容丰富、版面新颖、图文并茂的面貌呈献给读者。我们相信，通过这一书系，读者将会对人类的航天活动与中国的"嫦娥工程"有更加完整而清晰的认识。

欧阳自远

二〇〇七年十月八日于北京

目 录

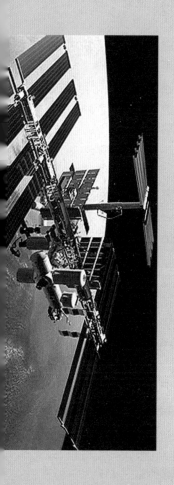

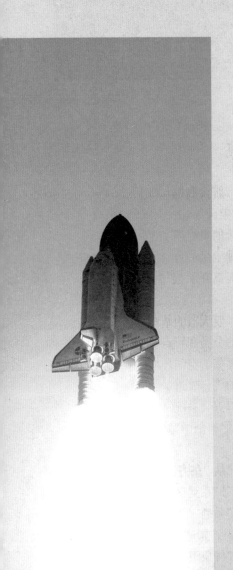

嫦娥书系 ● **翱翔九天** 从人造卫星到月球探测器

第一章　航天概说

　　茫茫太空中，我们人类栖息的地球宛如微不足道的沧海一粟。在太阳系中,地球是一颗中等大小的行星(图 1-1)。地球以外的世界是怎样的,那里是否也生存着和我们一样的生命？那里有着怎样

　　图 1-1　太阳系的主要天体——太阳和它的 8 颗行星。在火星轨道和木星轨道之间,有数以万计的小行星,它们构成了"小行星带"

的宝藏在等待我们去开发利用？从遥远的古代起,我们的祖先就开始思考这些问题了。一个个美丽的神话传说,寄托了人类对未知世界的憧憬与梦想。

只有现代航天技术的出现,才使人类走出地球、走向太空,数千年前的梦想才逐渐转化成为现实!

什么是"航天"

根据《中国大百科全书·航空航天卷》的定义,"航天"是指"载人或不载人的航天器在太空的航行活动"。广义地说,"航天"是指人类探索、开发和利用太空——包括地球以外的形形色色的天体——的活动;狭义地说,航天是一门技术,是用于探索、开发和利用太空的高技术。

航天不同于"航空"。航空是人类在地球大气层中的飞行活动,航天则指在地球大气层以外的宇宙空间开展的活动。

航天活动可按不同标准划分为不同的领域:

按活动主体可划分为人造(地球)卫星、载人航天和深空探测。人造地球卫星一般包括应用卫星和科学技术试验卫星两类,它们围绕地球运行在高度一百多到几万千米的轨道上。载人航天是指有宇航员参与的飞船、空间站或航天飞机等飞行活动。深空探测一般是指航天器飞行在不以地球引力场为主引力场的轨道上的航天活动,例如月球探测、火星探测等。

按活动性质可划分为空间技术、空间应用和空间科学。空间技术主要是指以验证航天技术为主的航天活动,如技术试验卫星;空间应用主要是指利用航天器直接服务于人类的生产生活,比如通信卫星,遥感卫星等;空间科学指利用航天技术开展科学研究,例如月球探测、行星际探测等。

人类航天的里程碑

在人类近50年的航天活动历程中,已经发射了5000多个航天器,其中有700多个至今仍在轨道上工作。本节讲述的,是一系列里程碑式的重要事件。

宇航之父　今天,人类借助航天飞机、宇宙飞船实现了在太空遨游的梦想。许多人为实现这一梦想进行了艰辛的探索。在这些人中,人们不会忘记被尊称为"宇航之父"的俄罗斯–苏联科学家齐奥尔科夫斯基(Константин Эдуардович Циолковский,图1–2)。正是他在19世纪末醉心研究宇宙航行问题,提出了关于人造卫星和宇宙飞船的最早构想,提出了火箭在自由空间中运动的基本原理,并推导出描述火箭在重力场中运动所能达到的最大速度的数学公式,这就是具有奠基意义的齐奥尔科夫斯基公式,简称齐氏公式。这个著名的公式以非常简洁的形式表明,提高火箭速度的关键不在于增大火箭的尺寸和质量,而在于提高发动机的喷气速度以及火箭在一定条件下尽可能多地添加推进剂。这一公式为火箭和宇航的发展奠定了理论基础。此后齐奥尔科夫斯基进一步提出了研制"宇宙火箭列车"——即多级液体火箭实行宇宙航行的构想,并且培养造就了

图1–2　苏联于1986年发行的纪念邮票"齐奥尔科夫斯基"。他有一句至今鼓舞着我们的名言:"地球是人类的摇篮。但是人类不会永远生活在摇篮里,他们不断地争取着生存世界和空间,起初是小心翼翼地飞出大气层,然后便是征服整个太阳系。"

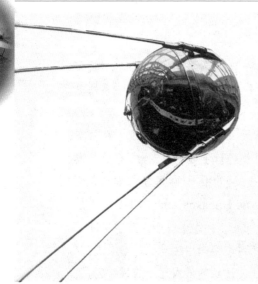

图 1-3　苏联于 1957 年 10 月 4 日发射的"人造地球卫星 1 号"

一代成就卓著的航天探索者。

第一颗人造地球卫星　1957 年 10 月 4 日,在苏联哈萨克荒漠一个小小的角落,一枚火箭顶部载着一颗直径只有 58 厘米的铝制圆球,奇迹般地升上了太空。这个圆球就是人类发射的第一颗人造地球卫星——"人造地球卫星 1 号"。人造地球卫星在俄语中称为спутник,读音如"斯布特尼克",因此"人造地球卫星 1 号"有时也被音译为"斯布特尼克 1 号"(图 1-3)。这颗卫星重 83.6 千克,装着一只化学电池、一只温度计、一台双频率的小型发报机和 4 根鞭状天线。尽管这颗"小星"在天空不过逗留了 92 天,但它却"推动"了整个地球,具有划时代的重大意义。"人造地球卫星 1 号"标志着人类航天实践活动的开端,人类从此开始了走出地球、大踏步地挺进太空的时代。

月球探测　月球是距离地球最近的天体,也是夜空中最明亮的天体。人类开始航天活动之初,就已经把目光投向了 38 万千米以外的月球。从 1959 年开始,苏联发射了多个月球探测器。"月球 1 号"探测器(图 1-4)第一次近距离掠过月球,获得了在距月球约 5000 千米远处拍摄的照片。"月球 3 号"探测器史无前例地绕到了月球背后,它发回的照片使人类第一次看到了月球背面被陨星撞击得满目疮痍的景象。"月球 9 号"探测器(图 1-5)首次在月球上软着陆,拍回第一批月球的全景照片,获取了月表的物理化学特性数据,人类真正确信月面也是固态的。美国也相继发射了"徘徊者号"、"勘测者号"和"月球轨道器号"探测器到月球考察,为载人登月奠定了坚实的基础。

1970年,苏联的"月球车1号"在月面行驶,考察了月面10.7千米路程内的情况,实现了人类的第一次月面自动巡视。1973年,苏联的第二辆月球车在月球上行走了37千米。

1998年,美国"月球勘探者号"探测器进行了环月考察,证实了月球上存在丰富的矿藏和氦3资源,还推断月球两极存在储量达上亿吨的水冰,为人类开发月球带来了福音。截止到2006年,人类已进行了100多次月球探测,实现了月球的掠飞、环绕、着陆、巡视、取样返回及宇航员登月探测,获取了大量关于月球的科学成果和工程实践经验。

图1-4 苏联于1959年1月2日发射的"月球1号"探测器

图1-5 苏联于1966年1月31日发射的"月球9号"探测器

火星探测 火星是距离地球最近的外行星,也是和地球最相近的一颗行星。探索火星一直寄托着人类移居另一个星球的梦想。苏联于1962年11月发射

图 1-6　苏联于 1962 年 11 月 1 日
发射的"火星 1 号"探测器

图 1-7　"勇气号"火星车。"机遇号"
和它宛如一对孪生兄弟

了第一个火星探测器"火星 1 号"
(图 1-6)，标志着人类的太空活动
已开始从地球附近向整个太阳系
扩展。

1975 年，美国的"海盗号"着陆
器成功着陆火星表面，使人类第一
次看到了这颗红色行星的真实面
目。目前，人类已发射将近 40 个火
星探测器，美国的"勇气号"与"机遇
号"火星车(图 1-7)更是"超期服
役"地在火星表面驰骋，为人类进
一步开发利用火星收集了大量资
料。

迄今为止，人类所发射的探测
器已探测了太阳系中所有的八大
行星，其中有的已经越出海王星的
轨道，前往银河系中更
遥远的星际空间。这些
探测活动极大地拓展了
人类对宇宙的认识，促
进了科技的飞速发展。

第一次载人飞行
1961 年 4 月 12 日，苏联
在 9 次无人飞船试验
后，"东方号"运载火箭
承载着"东方 1 号"飞船
(图 1-8)，载着 27 岁的
苏联空军少校尤里·加

加林（Юрий Алексеевич Гагарин）飞向太空，进行了 108 分钟的环绕地球的太空旅行。这是人类历史上第一次载人航天飞行，加加林也成为人类造访太空的第一人，迎来了人类载人航天飞行的新时代。

　　第一次载人登月　1969 年 7 月 21 日，美国宇航员阿姆斯特朗（Neil A. Armstrong）、奥尔德林（Edwin Eugene Aldrin, Jr.）乘坐"阿波罗 11 号"飞船登上了月球（图 1-9）。阿姆斯特朗在月球上踩下人类的第一个足印时曾由衷地慨叹："对一个人来说，这是一小步，但对人类来说，却是跨了一大步。"

图 1-8　苏联的"东方 1 号"飞船

图 1-9　"阿波罗 11 号"飞船着陆在月面上，照片上的宇航员是奥尔德林

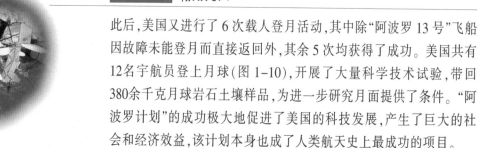

此后,美国又进行了6次载人登月活动,其中除"阿波罗13号"飞船因故障未能登月而直接返回外,其余5次均获得了成功。美国共有12名宇航员登上月球(图1-10),开展了大量科学技术试验,带回380余千克月球岩石土壤样品,为进一步研究月面提供了条件。"阿波罗计划"的成功极大地促进了美国的科技发展,产生了巨大的社会和经济效益,该计划本身也成了人类航天史上最成功的项目。

第一个空间站 1971年4月19日,苏联成功发射了世界上第一个试验性载人空间站——"礼炮1号"空间站。载人航天活动由此进入到规模较大、飞行时间较长的空间应用探索与试验阶段。"礼炮1号"空间站由轨道舱、服务舱和对接舱组成,呈不规则的圆柱形,总长约12.5米,最大直径4米,总重约18.5吨。它在200多千米高

图1-10 "阿波罗号"飞船的登月舱在月球表面停留

的轨道上运行，站上
装有各种试验设备，
照相摄影设备和科学
实验设备。与"联盟
号"载人飞船对接组
成居住舱，容积100
立方米，可住6名宇
航员。"礼炮1号"空
间站在太空运行6个
月，相继与"联盟10
号""联盟11号"两
艘飞船对接组成轨道
联合体，每艘飞船各
载3名宇航员，共在
空间站上停留26天。
"礼炮1号"完成使命
后于同年10月11日
在太平洋上空坠毁。

图1-11 苏联于1977年9月29日
发射的"礼炮6号"空间站

苏联一共发射了7座"礼炮号"空间站。前5座都只有一个对接口，即只能与一艘飞船对接飞行。因站上携带的食品，氧气，燃料等储备有限，在太空寿命都不很长。经过改进的"礼炮6号"（图1-11）和"礼炮7号"空间站，增加了一个对接口，除接待"联盟号"载人飞船外，还可与"进步号"货运飞船对接，用以补给宇航员生活所需的各种用品。1977年9月29日发射上天的"礼炮6号"空间站，在太空飞行近5年，共接待18艘"联盟号"和"联盟T号"载人飞船。有16批33名宇航员到站上工作，累计载人飞行176天。1982年4月19日"礼炮7号"空间站进入轨道飞行，先后接待了"联盟T号"飞船的11批28名宇航员，其中包括第一位进行太空行走的女宇航员

图1-12 "联盟号"与"阿波罗号"在太空中对接

萨维茨卡娅(Светлана Евгеньевна Савицкая)。特别是1984年3名宇航员基齐姆(Леонид Денисович Кизим),索洛维约夫(Владимир Алексеевич Соловьёв)和阿季科夫(Олег Юриевич Атьков)创造了在空间站连续飞行237天的纪录。"礼炮7号"空间站载人飞行累计达800多天,直到1986年8月才停止载人飞行。

第一次空间交会对接　1975年7月,苏联的"联盟19号"飞船和美国"阿波罗号"飞船,在太空中成功对接(图1-12),进行联合飞行,共同执行两国宇宙开发合作计划。通过电视转播,全世界数以亿计的观众目睹了来自两国的两位太空使者相拥的历史画面。当对接舱的舱门打开之后,苏联"联盟19号"飞船的宇航员列昂诺夫(Алексей Архипович Леонов)和美国"阿波罗号"的宇航员斯坦福德(Thomas P. Stafford)热烈握手,列昂诺夫用英语对斯坦福德说:

"很高兴见到你。"在当时冷战背景下实现这次被称作"太空握手"的太空交会对接,在政治上产生了积极的影响。

第一次航天飞机飞行　1981年4月12日,正值世界第一名航天员加加林上天20周年纪念日,美国发射了可以重复使用的太空运载工具——"哥伦比亚号"航天飞机(图1-13)。在万众瞩目中"哥伦比亚号"遨游太空54.5小时后安全着陆。航天飞机区别于苏联的载人宇宙飞船,具有可重复使用、像飞机一样水平着陆等特点。"哥伦比亚号"的首航成功,使载人航天进入新阶段,从此有许多宇航员得以到太空进行各种科学实验。航天飞机还携带和施放过各种卫星、太空探测器,著名的"哈勃"太空望远镜就是由航天飞机送上天的。

美国共研制了6架航天飞机:"企业号"(系试验样机,未正式执行航天飞行任务)、"哥伦比亚号"、"挑战者号"、"发现号"、"亚特兰蒂斯号"和"奋进号"(图1-14)。其中"挑战者号"和"哥伦比亚号"分别在发射后不久和返回时不幸失事,共有14名

图1-13　"哥伦比亚号"航天飞机在总装厂房

图 1-14 飞行中的"奋进号"航天飞机

宇航员献身蓝天。这促使美国国家宇航局对航天飞机的安全性与可靠性进行反思:原先设想由于重复使用可大幅降低飞行成本的愿望没能实现,飞行的安全性比苏联的载人飞船要低。因此,在美国2004年公布的新太空计划中已经明确将逐步废除航天飞机的使用,取而代之是研制一种新型的"乘员探索飞行器"(图1-15),英语中称为 Crew Exploration Vehicle(简称 CEV),来满足地球轨道以及月球、火星等载人飞行的需要,其返回方式与苏联的载人飞船相似。

第一个长期在轨工作的空间站 1986年2月,苏联发射了人类第一个地球轨道长期工作站——"和平号"空间站。"和平号"经多次空间对接后逐步完善,先后与"进步号"、"进步 M 号"货运飞船和"量子号"、"晶体号"专用公用舱对接组成轨道联合体。"和平号"空间站全长32.9米,体积约400立方米,重约137吨,其中科研仪器重约11.5吨。它在高350至450千米的轨道上运转,约90分钟环绕地球一周。它由工作舱、过渡舱和服务舱三部分组成。它有6个对接口,其中两个主要对接口位于轴线的两端,用来与载人及货运飞船对接。这6个对接口可在互不干扰的情况下接待6艘飞船,其中有的飞船质量可以比"和平号"本身的质量大几倍,从而形成巨大的空间轨道联合体(图1-16)。与"和平号"对接过的主要科研舱体有:进行天体物理观测的"量子1号"舱、进

图 1-15 研制中的"乘员探索飞行器"构想图

图 1-16 与若干舱体对接后的"和平号"空间站

行对地观测和试验新的舱外活动装置的"量子 2 号"舱、进行微重力科学与应用试验的"晶体号"舱、用于大气层研究的"光谱号"舱和进行陆地、海洋与大气的地球环境研究的"自然号"舱。自 1995 年到 1998 年,"和平号"空间站与美国航天飞机进行了 8 次对接飞行。

"和平号"的设计寿命为 3 年,但却在太空中飞行了整整 15 年!实现了在太空工作时间最长、超期服役时间最长、工作效率最高、接待各国宇航员最多等多项载人航天史上的第一。据统计,15 年来,"和平号"空间站总共绕地球飞行了 8 万多圈,行程 35 亿千米,共与

31艘"联盟号"载人飞船、62艘"进步号"货运飞船实现对接,宇航员在"和平号"上进行了78次太空行走,在舱外空间逗留的总时数达359小时12分钟。先后有28个长期考察组和16个短期考察组在上面从事考察活动,有俄罗斯、美国、英国、法国、德国、日本、叙利亚、保加利亚、阿富汗、奥地利、加拿大、斯洛伐克共12个国家的135名宇航员在空间站上工作。这些宇航员共进行了1.65万次科学试验,其中完成了23项国际科学考察计划,获得了大量知识、数据和具有重大使用价值的成果。宇航员们还拍摄了许多恒星、行星的照片,进行了基本粒子和宇宙射线的探测,大大扩展了人类对宇宙的认识。他们还探索了从太空预报地震、火山爆发、水灾及其他自然灾害的可能性,宇航员在太空生活的经验为进行长期星际飞行提供了医学保障经验。应该说,"和平号"空间站为空间科学和空间技术的发展做出了卓越贡献。

第一个国际空间站 1998年,俄罗斯把国际空间站的功能舱"曙光舱"发射入轨,标志着这个有11个国家参与的国际太空大合作项目正式启动。尽管在实施过程中遇到了种种困难,但它仍然是人类合作和平利用太空的一块里程碑。

国际空间站的设想是1983年由美国总统里根(Ronald Wilson Reagan)首先提出的,经过十来年的探索和多次重新设计,直到苏联解体、俄罗斯加盟,国际空间站才于1993年完成设计,开始实施。该空间站以美国、俄罗斯为首,包括加拿大、日本、巴西和欧洲空间局的11个成员国共16个国家参与研制。其设计寿命为10~15年,总质量约423吨、长108米、宽88米(含翼展),运行轨道高度为397千米,载人舱内大气压与地球表面相同,可载6人。

国际空间站在组装阶段,其主要设施由俄罗斯的"质子号"火箭、欧洲空间局的"阿里安5号"火箭以及美国的航天飞机发射运送。组装完成后的运输工作由美国的航天飞机、俄罗斯的"联盟-TM号"飞船及"进步号"货运飞船完成。

图 1-17 "国际空间站"在太空中翱翔的艺术形象图

　　组装成功后的国际空间站将作为科学研究和开发太空资源的手段,为人类提供一个长期在太空轨道上进行对地观测和天文观测的机会,并成为开展生命科学研究、微重力研究等的良好平台(图1-17)。

　　国际空间站的建设并不如想象中那么顺利。由于技术、政治等种种原因,至今欧洲空间局、日本研制的舱段尚未升空,空间站也远没有发挥预想的作用,反而是庞大的经费需求让美、俄都难以承受。2004年美国公布的新太空计划已明确指出, 将逐步放弃国际空间站,转而开发新型的载人航天器。

　　第一个飞出太阳系的探测器　2003年,美国国家宇航局透露,第一个飞出太阳系的探测器"先驱者10号"(图1-18)在经过31年的长途跋涉后,目前已经同地球失去了最后的联络。

　　2003年2月7日,美国国家宇航局最后一次试着与"先驱者10号"取得联系,但得不到任何有价值的回音,为此他们将停止继续联

络"先驱者10号"。此
前的一次联络是在1
月22日，当时地面控
制人员收到了从"先驱
者10号"发回的响亮
而清晰的信号。那时
"先驱者10号"距离地
球122亿千米,从飞船
发回的信号用了11小
时20分钟才到达地
球。

图1-18 美国于1972年3月发射的"先驱者10号"探测器

"先驱者10号"于
1972年3月2日发射
升空,原定考察计划只
有21个月,但实际上
它的"探测生命"之长,
远远超出了人们的预
期。直到1997年3月
底,科学家才正式结束
"先驱者10号"的科学
考察使命,宣告它正式"退役"。

2005年5月25日,美国国家宇航局下属的喷气推进实验室宣
称,1977年发射的"旅行者1号"飞船经过漫长的旅行,已飞出了太
阳系的激波边界,即将成为进入太阳系外空间的航天器。1977年9
月5日发射的"旅行者1号"飞船,经过近28年的飞行后,目前距离
太阳近140亿千米。它是飞得最远的人造航天器。

然而,通天之路从来就充满着艰难险阻——

1971年6月,苏联的载人飞船在返回地球时,返回舱气压阀失

效,3名宇航员因窒息不幸全部遇难;

1986年1月,美国"挑战者号"航天飞机起飞后72秒凌空爆炸,7名壮志未酬的宇航员,在万众瞩目中献身蓝天;

2003年2月,美国"哥伦比亚号"航天飞机在它的第28次飞行返程途中突然解体,原本再过16分钟就能踏上地球的7名宇航员全部牺牲;

2003年8月,巴西第三枚VLS型卫星运载火箭在发射前的最后检测中爆炸,"咖啡王国"的航天梦再次遭受重创……

收获人喜,却也历尽大悲。在悲喜交加的太空旅程中,人类 点一滴地感悟着"科学"两字那沉甸甸的分量。

人造地球卫星一瞥

经过50多年的实践,航天如今已不再是遥不可及的神秘活动。在我们的工作、生活中,空间技术几乎无处不在。它实现了人类几千年的梦想,给我们带来了巨大的好处。就此而言,五花八门的人造地球卫星立下了奇功。在本节中,我们择要介绍"通信卫星"、"导航卫星"、"气象卫星"、"灾害预报卫星"和"地球资源卫星"五个方面。

通信卫星

今天,你坐在家中,可以收看到正在世界另一个角落举行的奥运会,可以拿起电话和你大洋彼岸的朋友倾诉衷肠,你可以在最短的时间内了解其他国家的重大突发事件……这一切都是因为有了通信卫星(图1-19)。是通信卫星接收到现场的音像信息,再把它转发给世界各地的用户。通信卫星的出现,真的像是给人类装上了"千里眼、顺风耳"。

利用卫星进行通信和一般的地面通信相比,具有通信容量大、覆盖面积广、通信距离远、可靠性高等特点。通信卫星一般采用距地球36 000千米的地球同步轨道,在这样的轨道上每隔120°放置一颗卫星,就可实现除两极部分地区外的全球通信。

图1-20是日本的"ETS8号"通信卫星。

导航卫星

如果你是一个户外运动爱好者,你一定知道除了传统的罗盘,还可以利用更现代的全球导航定位系统(GPS)接收机,即使你身处高山、大海,也能时刻知道自己的位置。这就是GPS的功劳。GPS由24颗导航卫星组成,均匀地分布在高度为20 000千米的六个轨道平面上。导航卫星发射出一对频率非常稳定的电波,不论在地球上哪个角落,只要持有接收机,都可以

图1-19 由国际通信卫星组织运营的"国际通信卫星"是一个商业通信卫星系列,现已发展到第9代

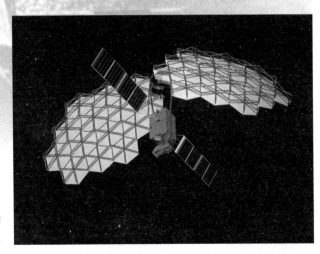

图1-20 日本的"ETS8号"通信卫星

同时接收到4个导航卫星的信号,从而给自己精确定位。利用它,可以为飞机、轮船导航,还可以为导弹的发射提供制导。这种技术过去主要应用在军事上,现在已经开始为民服务。21世纪初,美国发展的民用GPS定位精度已达到几米的量级。

气象卫星

当我们准备出游的时候,总是想提前知道未来的天气状况,为了实现这个目的,人们在北半球设立了800个地面气象观测站,昼夜不停地收集气象资料。这样的设施耗费了大量的人力物力,但是它的工作效率并不高。

为了获得更加准确的天气预报,人们把气象观测站安置到气球上,再让这些气球飞到空中。气球的高度毕竟是有限的,于是人们就想到了发射气象卫星(图1-21)。气象卫星观测范围大、观测时间长,可以昼夜不停地在太空中工作。它绕地球一圈所收集的气象资料,比地球上所有观测站在一昼夜间所收集的资料还要多百倍以上。自气象卫星出现后,台风的预报再没有出现过漏报现象。

气象卫星利用各种遥感器,接收和测量地球及其大气层的可见光辐射、红外

图1-21　美国于1960年发射的"泰罗斯1号"试验型气象卫星

辐射和微波辐射,可以观测全球的云层、雪层和冰层的分布,可以满足全球气象服务的需要。现在我们每天在收听天气预报时几乎都可以听到:根据某某气象卫星的云图显示……

根据气象卫星发回的资料,可以作出中期和长期的天气预报,对保证人类的正常活动有着十分重要的意义。

灾害预报卫星

地球是一个自然灾害频发的星球,地震、海啸、火灾、洪水,时时刻刻威胁着人类的安危。只有尽早对这些灾害进行预报,才能防患于未然,做到尽量降低损失,保证人民生命财产的安全。

事实上,任何自然灾害的发生都不是没有预兆的。科学家发现,地球表面的温度异常与发生地震有很大的相关性,一般来说,增温区与周围正常背景的温度相差 2℃~6℃, 就可能有不正常的情况发生。1990 年 9 月,第 11 届亚运会开幕前夕,我国科学家通过卫星热红外图像对比,预报近期将会有 3~4 级小地震。果然,在亚运会开幕式上午,距离亚运村 10 余千米的沙河发生了 4 级地震。这使各国运动员感到了紧张,但是国家地震局根据卫星热红外图像观测再次发布消息:近期北京地区没有中级地震。准确的预报,为开好亚运会起到了稳定人心的作用。

对地震进行预报,只是灾害预报的一小部分。利用卫星遥感技术,结合各种自然灾害的实际应用模型,可以提前对各种自然灾害的发生作出预测。从而可以未雨绸缪,最大限度地减轻自然灾害所造成的损失。比如利用旱情遥感动态监测系统,可为农业生产管理、合理灌溉等提供科学依据,促进农业的可持续发展。

地球资源卫星

现在有许多大型公司从事卫星勘探任务,它们可以把卫星取得的有关资料卖给一些不能发射卫星的国家。那么,这些国家花钱买

图 1-22　地球资源卫星对地探测示意图

这些资料干什么呢？他们通过这样的资料，可以知道本国境内的资源状况，因为卫星具有寻找资源的作用。地球资源卫星是一种经济效益极高的卫星，它们个个本领高强。利用资源卫星提供的图像资料，人们在南非发现了世界上最大的镍矿，在埃及沙漠地区发现了大型铬铁矿，在巴基斯坦发现了两个铜矿，在玻利维亚发现了世界上最大的锂矿。

资源卫星(图 1-22)是在侦察卫星和气象卫星的基础上发展起来的。它利用卫星上装载的多光谱遥感器，获取地面目标辐射和反射的多种波段的电磁波，从而查明地球资源的分布。它宛如长了一双火眼金睛，可以向人类提供精确的图像和数据。对这些数据进行分析比较，人们就可以更详尽地了解地球上各种资源的"家底"了。

载人航天简介

太空实验室

在地球轨道上运行的航天器，处于一种微重力环境中，那里高真空、高洁净、没有沉浮和对流。这样的环境，很适宜于生产一些在地面上无法制造的产品。例如，合成药物，在太空中制药的速度是地面上的几百倍，而成本仅是地面上的几十分之一。不仅是合成制药，这样的环境还可以炼制电子工业需要的紧缺原料，例如制造高纯度的单晶硅，这些材料在地面上制造要花费极高的成本，也难以实现。俄罗斯"和平号"空间站上就建立了一个工艺实验室和生产车间，美国也利用"天空实验室"空间站和航天飞机进行多项试验,在航天飞机上生产出了地面上难以生产的直径约 2 微米的乳胶球。

这样的工厂还可以设置在卫星里,利用航天飞机把这种卫星工厂释放到环绕地球的轨道上,几个月后再去回收。虽然这仅仅是太空工厂的初级阶段,但是它们的很多产品已经走进了我们的生活。

太空中的微重力,会对各种生命产生奇妙影响。科学家研究动物在太空中的生活习性,诸如蜘蛛结网、鹌鹑蛋孵化、田螺生长,都是他们的研究课题。对这些问题的研究,加深了科学家对生物工程的理解,据此开发的种种新技术将不断地为人类带来新的福音。

太空中没有空气,处于失重状态,充满了各种宇宙射线,植物种子在这样的环境中会发生很大的变化。把这些种子带回地球栽培,就会产生各种遗传变异,从而可以缩短育种周期,提高育种效率。我国的航天育种研究始于 1987 年,目前太空诱变表现最好的是水稻。普通水稻一支稻穗能结籽 50 粒,太空水稻一支稻穗却能结籽 200 粒。江西、广西、浙江和福建均有航天育种的常规或杂交水稻新品种,已通过省级审定并大面积推广。

利用太空技术育出的良种小麦不仅麦秆低矮,可以有效地抵御大风,而且还能早熟。太空青椒皮脆,肉厚,味美,个头很大,太空黄瓜长势旺盛,能抗病虫害,长度超过半米……

太空旅游

随着交通工具的不断进步,人们今天几乎可以随意地到地球上的任何一个地方去旅游。人们时常在议论,下一个旅游热点是哪里?其实,那也许就是太空!

迄 2007 年 8 月止,俄罗斯飞船已经把 5 位太空游客送上了国际空间站。诚然,对于普通人来说,要想去一趟太空真可谓难上加难。但是,现在情况却有了改变。2004 年,私人公司的太空船也已经飞上天。私人公司搞太空船的根本目的,就是要满足平民到太空旅

行的梦想。在未来的几年时间内,私人乘宇宙飞船上天旅行将会实现。也许我们可以乐观地声称,太空旅行的平民化时代已经露出曙光。等到相应的太空设施建立起来,可以真正接纳游客的时候,太空旅行不仅将会成为一个热门的旅游项目,而且还有可能成为一项庞大的新产业。

人类的新家园

地球,这个繁华而又脆弱的星球已经承载了太多的生命。能否把我们的新家园建设在外星球,已成为许多有前瞻意识的人士密切关注的问题。在这种情况下,开发月球,开发火星,便成了科学家们探讨的热点。

月球是离我们最近的星球。月球上虽然没有空气,但是可能有水,这将为人类建立月球基地提供方便。科学家们设想,人们将来可以在那里建立电站,并派遣大批机器人在月球上开采矿物资源,将它们源源不断地运回地球,解决地球上某些资源严重短缺的危机。

火星也是我们的近邻。火星上大气稀薄,二氧化碳含量很高,两极拥有干冰和固态水。如果我们向火星发射一批巨大的镜子,让这些镜子在火星上空的轨道上运行,将太阳光反射到火星的两极,那么,火星两极的冰将会融化,同时干冰也会融化变成二氧化碳,这些二氧化碳造成的温室效应将会提升火星表面的温度,然后再把地球上的植物移植到那里,通过光合作用就会产生氧气,创造出一个富含氧气的大气层。如果科学家的种种设想能够实现,火星将有可能适合人类居住,从而成为我们的第二个家园。

几十年前,发展航天技术还只是纯粹的科学和技术试验。如今我们发现,昔日的太空技术已经给我们带来了巨大的好处。它不仅改变了我们生活的许多方面,而且已成为新的经济增长点。可以预见,在未来的岁月中,航天事业还将为人类生活带来难以估量的巨大益处。

第二章　航天器的基本知识

为开展航天活动,人类需建立相应的技术系统。一般来说,为完成一项航天任务,工程大系统主要由航天器系统、运载火箭系统、发射场系统、地面测控系统、地面应用系统、地面回收系统等组成。其中,航天器系统是完成一项航天活动的主要载体。

航天器的分类和特点

半个多世纪来,人类研制的航天器琳琅满目。它们各有各的特征,各有各的用途。航天器一般可分为两大类:无人航天器和载人航

图 2-1　航天器的分类

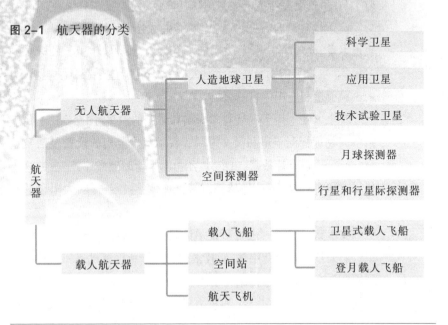

天器。根据用途的不同,它们又可进一步分为多个次类,见图2-1。

在空间轨道上至少环绕地球运行一圈的无人航天器,称为人造地球卫星,简称人造卫星。人造地球卫星是发射数量最多、用途最广、发展最快的航天器。人造地球卫星发射数量约占航天器发射总数的90%以上。

1957年10月4日,苏联发射了世界上第一颗人造地球卫星。在20世纪50年代末到60年代初期,各国发射的人造卫星主要用于探测地球空间环境和进行各种卫星技术试验。20世纪60年代中期,人造卫星开始进入应用阶段,各种应用卫星先后问世。从70年代起,各种新型专用卫星相继出现,性能也在不断提高。到20世纪末,世界各国共发射了约5000颗人造地球卫星。除苏联外,美国于1958年2月1日首次发射人造地球卫星"探险者1号"。20世纪60~70年代,法国、日本也发射了本国的卫星。1970年4月24日,中国发射了人造地球卫星"东方红一号"。到2006年12月,中国共发射了70余个航天器进入太空,其中包括2次载人飞行。

按运行轨道的高低,人造地球卫星可分为近地轨道卫星、中高轨道卫星、地球静止卫星、太阳同步卫星、大椭圆轨道卫星和极轨道卫星等。更常见的则是按用途对人造卫星分类,主要有科学卫星、技术试验卫星和应用卫星三大类。

科学卫星 用于开展科学探测和研究的卫星(图2-2),主要包括空间物理探测卫星和天文卫星。科学卫星使用的仪器包括望远镜、光谱仪、盖革计数器、电离计、压力测量仪和磁强计等。借助这些仪器可研究高层大气、地球辐射带、地球磁层、宇宙线、太阳辐射和极光,观测太阳和其他天体。

技术试验卫星 进行新技术试验或为应用卫星进行试验的卫星。航天技术中的新原理、新技术、新方案、新仪器设备和新材料往往需要先在轨道上进行试验验证,成功后才投入实用。这类卫星数量较少,但试验内容广泛,如重力梯度稳定试验,电火箭试验,生物对空间环境适应性的试验，载人飞船生命保障系统和返回系统的验证试验，交会对接试验，无线电新频段的传输试验，新遥感器的飞行试验和轨道上的截击试验等。

图2-2　美国的臭氧检测科学卫星

应用卫星　直接为国民经济和军事服务的卫星。在所有人造地球卫星中种类最多，发射数量也最多。应用卫星按用途又可分为通信卫星、气象卫星、侦察卫星、导航卫星、预警卫星、测地卫星、地球资源卫星、海洋卫星、拦击卫星和多用途卫星等。按其是否专门用于军事目的，又可分为军用卫星和民用卫星，但也有许多是军民兼用的。

应用卫星主要有以下三大用途，即①无线电信号中继：这类卫星发展很快，有国际通信卫星、国内通信卫星、军用通信卫星、海事卫星、广播卫星、跟踪和数据中继卫星以及搜索营救卫星。这些卫星上装有在各种频段工作的转发器和天线，它们转发来自地面、海上、空中和低轨道卫星的无线电信号，用于传输电话、电报和电视广播节目以及数据通信。这类卫星大部分运行在静止轨道上，也有一些采用大椭圆轨道，例如苏联的"闪电号"通信卫星。②对地观测平台：这类卫星有气象卫星、地球资源卫星、海洋卫星、侦察卫星，统称为对地观测卫星。在这些卫星上，装有从紫外光到远红外光的各种波长的对地观测遥感仪器或其他探测仪器，收集来自陆地、海洋、大气的各种频段的电磁波，从中提取有用的信息，分析、判断、识别被测物体的性质和所处的状态。这些卫星可以直接服务于气象、农林、地质、水利、测绘、海洋、环境污染和军事侦察等方面。这类卫星多采用太阳同步轨道，也有采用静止轨道和其他轨道的。③导航定位

基准;这类卫星有导航卫星、测地卫星等。在这些卫星上装有光信标灯、激光反射器、无线电信标机、应答机等。它们的空间位置、到地面的距离和运行速度都可以预先确定,因而可用作定位、导航和大地测量的基准。地面的固定物体或移动物体、空中的飞机和海上的舰艇,都可以利用这类卫星来确定自己的坐标位置。

人造地球卫星按照天体力学规律绕地球运动。卫星运动的轨道取决于卫星承担的使命,由于受非球形地球引力场的影响,而且近地轨道卫星还要受大气阻力的影响,高轨道卫星、特别是静止轨道卫星还要受日月引力和光压的影响,卫星的实际运动情况是非常复杂的。

与人造地球卫星不同,空间探测器的主要探测对象不是地球。它们一般不是围绕地球运行,而是围绕其探测对象运动。例如,月球探测器是环绕或着陆于月球表面进行探测,其他行星探测器则围绕或着陆于相应的行星。这些探测器飞行的距离、空间与人造地球卫星有很大不同,因此其设计也与人造地球卫星大不相同。

对于月球及行星、小行星,探测的方式主要分为掠飞、环绕、着陆、巡视、取样返回等几类。目前人类已经发射了200多颗探测不同天体的空间探测器,实现了对太阳系内所有行星的探测。目前,探测冥王星的探测器"新视野号"(图2-3)正在飞往冥王星的路上。人类对月球、火星、金星都实现了环绕与着陆探测,对其他行星至少实现了掠飞探测。通过分析研究空间探测器发回的数据,大大加深了人类对太阳系以致整个宇宙的了解,获得的知识远远超过人类几千年来天文观测的结果。

载人航天器可分为飞船、空间站和航天飞机三类。飞船和航天飞机是一种运输工具,可以把宇航员以及货物送入太空再安全返回地面,飞船一般为一次性使用,而航天飞机具有可重复使用的特点。空间站则是可较长时间运行在空间轨道上,为宇航员在太空长期生存和工作提供必要的条件。

载人航天器区别于无人航天器的最显著的特点是要增加生命保障系统,为宇航员提供生存的环境。由于有人直接参与飞行,因此对航天器的可靠性、安全性也提出了更高要求。

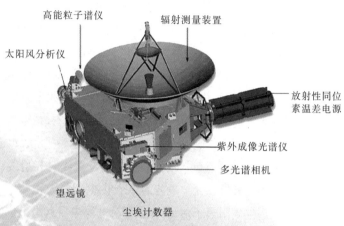

高能粒子谱仪

辐射测量装置

太阳风分析仪

放射性同位素温差电源

紫外成像光谱仪

多光谱相机

望远镜

尘埃计数器

图 2-3　美国于 2006 年发射的"新视野号"冥王星探测器,计划于 2015 年抵达冥王星

航天器面临的空间环境

在太空中飞行的航天器,经受着与地球表面完全不同的空间环境。这些环境因素与航天器相互影响、相互作用,对航天器的设计、研制与运行产生着重要的影响。只有正确认识空间环境,研究其对航天器的作用效应,采取有效的防护措施,才能保证航天器在太空的正常运行。

目前人类研制的航天器绝大部分还没有飞出太阳系,因此其经历的空间环境主要还是指日地空间环境和行星际空间环境。在这一空间环境中,影响航天器的因素有:地球高层大气、地磁场、地球重力场、高能带电粒子(银河宇宙线、太阳宇宙线、地球辐射带)、空间等离子体(电离层、磁层等离子体、太阳风)、太阳电磁辐射、微流星、空间碎片、空间污染等。

与人类生活的近地空间环境相比, 宇宙空间环境是十分严酷的。这里以太阳系空间为例来说明。首先是超高度真空,每立方厘米的行星际气体只有 0.1 个氢原子和氢分子等物质。其次是极端温度,受太阳光直接照射处可以产生极高的温度,背向太阳光处温度则可以低到-200℃以下。宇宙空间的高真空、极高和极低温度,对航天器的材料、设计、密封等都提出很高的要求。第三是宇宙线辐射和各种高能带电粒子对航天器的表面材料、内部器件及电位等都会产生显著的影响。这些辐射和高能带电粒子,大多与太阳活动有关。太阳电磁辐射包括从波长极短的 γ 射线和 X 射线,经紫外线、可见光到红外线和无线电波的整个电磁波谱。在太阳的光球层中周期性地产生太阳黑子活动,在太阳色球层中靠近黑子群的地方常常发生耀斑爆发,可释放出 $10^{23} \sim 10^{26}$ 焦的能量,相当于上百亿颗百万吨级的氢弹爆炸,由此产生大量紫外线、X 射线、γ 射线和高能带电粒子,对航天活动带来巨大的威胁。在太阳的日冕层,常常形成冕洞,它像喷气发动机的喷管一样,不断向外喷射高温磁化的离子,在太阳黑子活动剧烈和耀斑爆发时喷射尤为强烈,形成强劲的太阳风。太阳耀斑爆发时,引起地磁暴和扰乱电离层,影响短波通信,甚至损害航天器。地球磁场俘获太阳发出的高能粒子形成的地球辐射带,对航天活动也有很大影响。最后,在太阳系空间还有微流星体和太空垃圾危及航天活动。

空间环境对航天器的影响可归纳为图 2-4 和图 2-5。

下面,我们更具体地介绍对航天器有重要影响的五种环境因素。

高层大气与航天器轨道和表面剥蚀效应

高层大气对航天器的影响主要表现在两个方面,一是对航天器的阻力,改变其轨道并使其衰变直至陨落;二是高层大气中的氧原子对航天器表面的化学剥蚀作用。

高层大气对航天器轨道的阻力是近地轨道航天器主要的轨道

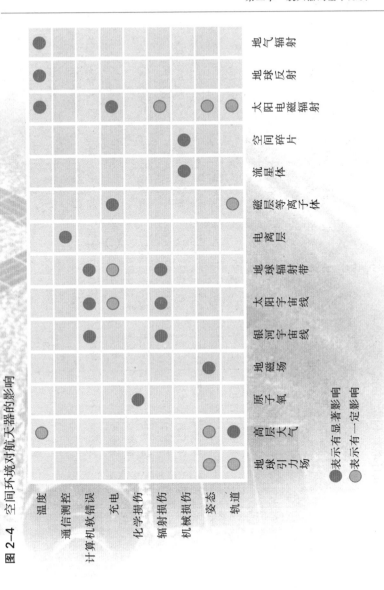

图 2-4 空间环境对航天器的影响

摄动力,它是航天器的轨道衰变、姿态改变、寿命缩短乃至陨落的主要原因。

氧原子是最具活性的气体粒子之一,由于航天器以约 8 千米/秒

图2-5 空间环境对不同轨道航天器的影响

	低轨道 $10^2\sim10^3$千米	中轨道 $10^3\sim10^4$千米	地球同步轨道 36000千米	行星际飞行轨道
中性大气	阻力对轨道影响严重,原子氧对表面腐蚀严重	没有影响	没有影响	没有影响
等离子体	影响通信,电源泄漏	影响微弱	航天器表面充电问题严重	影响微弱
高能带电粒子	辐射带南大西洋异常区和高纬地区宇宙线诱发单粒子事件	辐射带、宇宙线的总剂量和单粒子效应严重	宇宙线的总剂量效应和单粒子严重	宇宙线的总剂量效应和单粒子严重
地球磁场	磁力矩对航天器姿态影响严重,磁场可作姿态测量参考	磁力矩对航天器姿态有影响	影响微弱	没有影响
太阳电磁辐射	对表面材料性能有影响	对表面材料性能有影响	对表面材料性能有影响	对表面材料性能有影响
地球大气辐射	对航天器辐射收支有影响	影响微弱	没有影响	没有影响
流星体	有低碰撞概率	有低碰撞概率	有低碰撞概率	有低碰撞概率

的速度相对于高层大气中的氧原子飞行,它们相互间不断发生高速碰撞,从而通过氧化作用对航天器表层的某些材料产生严重的剥蚀效应。由此导致的剥蚀程度,与高层大气中氧原子的数密度大小和

分布密切相关。对于需要长期在近地轨道上运行和工作的航天器，例如空间站，这种表面剥蚀效应是十分严重的。

高能带电粒子与航天器辐射效应

航天器在茫茫太空中飞行，那里仿佛是真正的"真空"。然而事实并非如此。那里的高能带电粒子，主要有来自银河系的银河宇宙线、来自太阳爆发时的太阳宇宙线、被地磁场捕获的辐射带粒子，以及由于磁扰引起的磁层沉降粒子。它们共同构成了航天器轨道上的高能带电粒子环境。

高能带电粒子对航天器的影响主要表现在两个方面：一是对航天器的材料、电子器件、各种生物及宇航员的辐射损伤效应；二是对大规模集成电路的微电子器件产生的单粒子事件效应。此外，太阳质子事件、沉降粒子的注入，使电离层电子浓度增加，造成对通信、测控和导航的严重干扰。

带电粒子对航天器的辐射损伤作用，主要是通过以下两种方式：一种是电离作用，即被照物质的原子吸收入射粒子的能量而电离；另一种是原子的位移作用，即被高能离子击中的原子发生位移而脱离了原先在晶格中所处的位置，从而造成晶格缺陷。这些作用可导致航天器上的各种材料、电子器件等的性能变差，严重时甚至会损坏。例如，玻璃材料在严重辐照后会变黑、变暗，胶卷变得模糊不清，人体感到不舒服、患病甚至死亡，太阳能电池输出功率降低等，各种半导体器件遭受严重辐照后，性能也会衰退，如增益降低，工作点漂移，甚至完全损坏。

单粒子事件效应

一架飞机与一只飞鸟相撞，不仅会造成鸟亡，而且会导致机毁。太空中虽然没有飞鸟，却存在着高速高能粒子，例如质子。如果它与航天器相撞，也会产生严重的后果。单粒子事件是指由于单个的高

能质子或重离子撞击而导致微电子器件状态改变,从而使航天器发生异常或故障的事件。它包括改变微电子器件逻辑状态的单粒子翻转事件,使互补型金属氧化物半导体(CMOS)组件发生可控硅效应的单粒子锁定事件等。

当空间高能带电粒子穿入航天器,或者这些高能粒子与航天器的舱壁发生相互作用而产生重离子时,在粒子通过微电子器件的路径上将产生电离,沉积在器件中的电荷有一部分被电极收集,从而可能产生两种重要的效应:第一种是软错误的单粒子翻转效应,另一种是锁定效应。当收集的电荷超过电路状态的临界电荷时,电路就会出现不期望的翻转,出现逻辑功能混乱。但这种效应不会使逻辑电路损坏,它还可以被重新写入另外一个状态,因此,这种效应常称为软错误。单粒子翻转事件虽然并不产生硬件损伤,但它会导致航天器控制系统的逻辑状态紊乱,从而可能产生灾难性的后果。

空间等离子体与航天器充电放电效应

在近地空间存在着大量的等离子体。除了磁层外的太阳风等离子体外,在磁层中还有电离层、等离子体层和等离子体片等集中分布的等离子体区域。当航天器在这些区域中运行时,与等离子体的相互作用会导致航天器的充电放电效应。当航天器被充电到一定高度时,所产生的强电场可击穿材料或器件;放电所发生的电磁辐射则会干扰航天器上各种电器设备的正常工作,甚至造成航天器失效。

空间等离子体导致的航天器充电大致分为两种形式:一是由能量(数十千电子伏以下)不足以穿透航天器表面的等离子体与航天器相互作用而导致的充电现象,称为表面充电。由于电子热运动速度远高于离子,所以航天器表面将有大量的电子沉积而带负电。又由于航天器不同表面部分可处于不同的环境条件(如有无光照),航天器运动时不同的姿态致使表面的物理环境在不断变化,兼之表面各部分的材料不同，所以航天器表面不同部分可能带有不同电位，从而形成不均匀充电，出现电位差。

另一种充电形式是内部充电，或叫深层充电，它是能量高于几十千电子伏的电子入射到航天器上，其能量可穿透表面，其穿透深度随入射电子能量增加而增加，在表面下数十微米处聚集入射电子与表面同能量的离子形成的充电现象。当航天器表面材料绝缘时，它们在空间等离子体中将被充电至不同电位，从而可能引起放电，造成航天器异常的故障。

空间碎片和微流星

航天器在近地空间运行，有时会遇到不速之客的撞击，造成太空"车祸"。近地空间的航天器经常会遭到两种固态物质撞击的威胁，一种是宇宙空间中自然形成的流星体，另一类是人类空间活动产生的空间垃圾——空间碎片。它们在空间以高速运行，具有极高的动能，一旦与航天器相碰撞，就可能造成严重的后果，这就是当前航天界愈来愈关注的空间环境问题。

流星体在太阳引力场作用下，围绕太阳沿着椭圆轨道运行，运行速度约为45千米/秒，地球围绕太阳运动的速度为30千米/秒，因此流星相对于地球的速度为15~75千米/秒之间。成群出现的流星体称为流星群，它们疏密不等地分布在产生它们的母天体轨道附近。

流星体和空间碎片是航天器的灾星。它们与航天器碰撞的可能性与航天器的大小及在轨停留时间成正比，航天器越大，碰撞的可能性越大，在轨停时间越长，碰撞机会就越多。一旦航天器与流星体或碎片相撞，由于流星体和碎片具有极高的动能——每1克流星体具有的能量可高达$2×10^5$焦，在与航天器相撞的瞬间释放出来，将会对航天器造成极为严重的后果。流星和碎片对航天器造成的损害的类型和程度，取决于航天器尺度大小、航天器的结构、形态和在轨

的停留时间以及流星和碎片的特征。它们可能会击穿高压舱和燃料箱，损坏助推器的喷口，剥蚀航天器上光学仪器、天线以及热防护的表面涂层，最后使航天器损坏而失效。

航天器的飞行轨道

航天器在太空中飞行，遵循一定的轨道。它们的运动都服从牛顿的力学定律和万有引力定律。这些定律，就是航天飞行最基本的理论基础。

如果我们把地球看成一个均质的球体，那么它的引力场就是一种中心力场，其质心即引力中心。要使人造地球卫星在这个中心力场中作圆周运动，通俗地说，就是要使卫星飞行的离心加速度所形成的力——惯性离心力，正好与地球引力相平衡。这时，卫星飞行的水平速度叫"第一宇宙速度"或"环绕速度"。反过来说，卫星只要获得这一水平方向的速度，便不需要再加动力即可以环绕地球飞行。这时卫星的飞行轨迹称为卫星轨道。卫星轨道平面通过地球中心。如果速度稍大一些，则形成椭圆形轨道，如果达到"逃逸速度"，即"第二宇宙速度"，则为抛物线轨道，那时它将绕太阳飞行成为人造行星；如果达到第三宇宙速度，则为双曲线轨道，与太阳一样而绕银河系中心飞行了。

开普勒定律和万有引力定律

1609年，德国天文学家开普勒（Johannes Kepler）在他的著作《新天文学》中发表了关于行星运动的两条定律。其中的第一定律是说：每一颗行星各沿着一个椭圆轨道环绕太阳运行，而太阳则位于这些椭圆的一个公共焦点上。

开普勒的行星运动第二定律是说：一颗行星和太阳的连线在相同的时间内扫过的面积必相等。

1618 年，开普勒又发现了行星运动的第三条定律，即开普勒第三定律:行星绕日一圈时间的平方和行星各自离日的平均距离的立方成正比。

行星运动必定遵循开普勒阐明的三条定律,所以后人尊称他为"天空立法者"。不过,开普勒本人并不明白行星为什么会这样运动。半个多世纪后,英国大科学家牛顿(Isaac Newton)在研究上述三条定律的基础上得出了"万有引力定律"。原来,行星之所以像开普勒所描述的那样运动,乃是因为太阳和行星之间的万有引力在起作用。

万有引力是说,任何两个物体之间都存在着引力作用;这种引力的大小与两个物体的质量均成正比,而与两个物体间距离的平方成反比。航天器的运动,受有关天体引力作用的影响,它遵循牛顿力学第二定律以及牛顿万有引力定律。尽管开普勒定律阐明的是行星绕太阳的轨道运动,但它们可以用于任意二体系统的运动,如地球和月球,地球和人造地球卫星等。

图2-6是人造地球卫星运行轨道的示意图。在图中,地球位于卫星轨道椭圆的一个焦点 F 处, a 为半长轴, b 为半短轴, r 为卫星到地心的距离, P 为近地点, A 为远地点, θ 为极角。

为描述一个航天器在空间的轨道运动,人们定义了6个关键的轨道要素,用以唯一地确定航天器在惯性空间的位置。这6个要素记为: a,e,i,Ω,ω,t_p。它们在地心惯性坐标系中定义如下(图2-7):

a:轨道的半长轴;

e:轨道的偏心率;

i:轨道倾角　对地球轨道卫星,是描述轨道面与地球赤道的夹角;

Ω:升交点赤经　指轨道面对地球赤道的升交点到 X 轴的夹角;

ω:近地点辐角　从轨道面对地球赤道的升交点到轨道近地点的夹角;

t_p:卫星过近地点的时刻。

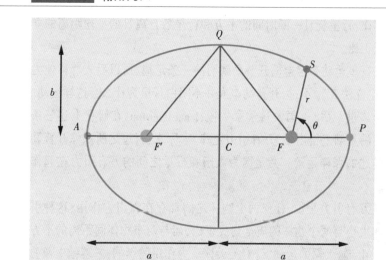

图2-6 人造地球卫星运动轨道示意图。C是椭圆中心，F和F'是焦点，a是半长径，b是半短径，S是人造地球卫星，θ是极角，r是向径

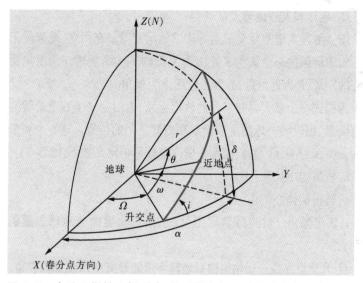

图2-7 在地心惯性坐标系中，航天器空间运动轨道参数示意。图中地球位于坐标原点，X轴指向春分点方向，Z轴指向北天极，i是轨道倾角，Ω是升交点赤经，ω是近地点辐角，α是航天器赤经，δ是航天器赤纬，θ为极角

有了这6个变量,就可以唯一确定卫星运行轨道在惯性空间的位置。对于以其他天体为中心体的运行轨道,仍可以得到类似的定义。比如对于月球,则只需把地心惯性坐标系换为月心惯性坐标系,把地球赤道换为月球赤道。

航天器飞行的速度要求

从地球表面发射飞行器,使之能环绕地球、脱离地球和飞出太阳系所需要的最小速度,分别称为第一宇宙速度、第二宇宙速度和第三宇宙速度。

假设地球是一个圆球,周围也没有大气,物体能环绕地球运动的最低的轨道就是半径与地球半径相同的圆轨道。这时物体具有的速度是第一宇宙速度,大约为7.9千米/秒。物体在获得这一水平方向的速度以后,不需要再加动力就可以环绕地球运动。

地球上的物体要挣脱地球引力的桎梏,成为环绕太阳运动的人造星,所需的最小速度是第二宇宙速度。第二宇宙速度为11.2千米/秒。地面物体获得这样的速度即能沿一条抛物线轨道脱离地球。

地球上的物体如果要飞出太阳系,它相对于地心的速度就至少要达到16.6千米/秒,这就是第三宇宙速度。地面上的物体在充分利用地球公转速度情况下,再获得这一速度后可沿双曲线轨道飞离地球。当它到达距地心93万千米处,便可认为已经脱离地球的引力范围,以后就在太阳引力作用下运动了。这个物体相对太阳的轨道是一条抛物线,最后会脱离太阳引力场飞出太阳系。

航天器轨道的分类

航天器任务各异,就需要选择不同的运行轨道。一般可分为近地轨道、太阳同步轨道、地球同步轨道和星际飞行轨道等几大类。

近地轨道 一般的地球遥感卫星,载人飞行器等都运行在近地轨道,它们的轨道高度在300~800千米之间,一般为圆轨道。

太阳同步轨道　为了更好地实现对地球的遥感观测,充分利用太阳的能量,人们设计出了太阳同步轨道。太阳同步轨道是轨道平面绕地球自转轴旋转的,方向与地球公转方向相同,旋转角速度等于地球公转的平均角速度(360°/年)的轨道,它距地球的高度一般不超过6000千米。在这条轨道上运行的卫星以相同的方向经过同一纬度的当地时间是相同的。气象卫星,地球资源卫星一般采用这种轨道。

地球同步轨道　地球同步轨道是运行周期与地球自转周期相同,航天器运行方向也与地球自转方向相一致的轨道。其中有一种特殊的轨道,叫地球静止轨道。这种轨道与地球赤道平面的倾角为零,处在地球赤道上空35 786千米。地面上的人看来,在这条轨道上运行的卫星是静止不动的。一般通信卫星、跟踪和数据中继卫星、气象卫星选用这种轨道比较有利。一般说来,地球同步轨道对地球赤道平面的倾角可大可小,因此地球同步轨道可以有无数条,但是地球静止轨道只有唯一的一条。

星际飞行轨道　为了近距离探测月球、火星、金星等地球外天体,人类的探测器必须从地球轨道飞往这些目标星球。此时,需要利用以地球为焦点的抛物线或双曲线轨道,来实现奔向其他天体的飞行。

以月球探测器为例,为实现奔月飞行,探测器将沿抛物线轨道飞行,从地球出发时的速度要达到约11千米/秒。

实现行星际飞行的航天器,除了受地球引力场的作用外,还需考虑目标天体的引力作用,基于开普勒定律的二体理论已不完全适用,因此其轨道设计比地球附近的航天轨道更加复杂。

航天工程五大系统

执行任何一次航天任务,并不是只靠航天器本身就能完成的。它必须依靠若干大系统的相互配合、相互支持,才能达到预定的目标。航天工程一般由五大系统组成,即航天器系统、运载火箭系统、发射场系统、地面测控系统以及地面应用系统(图2-8)。

　　航天器系统　航天器系统是完成航天任务的具体载体,是一个空间飞行器。由它携带各类有效载荷,在太空运行,完成相应的探测任务。

　　运载火箭系统　运载火箭系统是将人造地球卫星、载人飞船和空间探测器等航天器送入预定轨道的工具,它通常由多级火箭组成,在使航天器达到所需的位置和速度后即与航天器分离。

　　发射场系统　发射场是发射航天器的场所。航天发射场的基本任务是,为运载火箭、航天器提供满足技术要求的转载、总装、测试及运输设施;为航天器发射提供全套地面设施;组织、指挥、实施测试、发射及飞行上升段的指挥、调度、监控、显示和通信;完成运载火

图 2-8　航天工程大系统一般由航天器系统、运载火箭系统、发射场系统、地面测控系统和地面应用系统五大系统组成

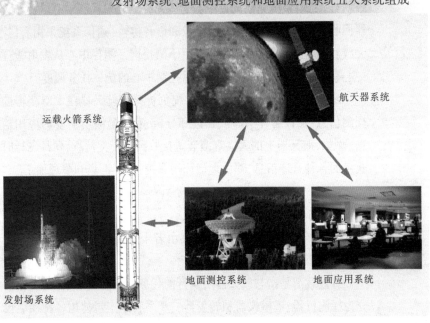

运载火箭系统

航天器系统

发射场系统

地面测控系统

地面应用系统

箭上升段的跟踪测量和安全控制;为航天指挥控制中心提供有关参数和图像;提供航天发射区的后勤服务保障。

地面测控系统　航天器升空后,地面站需要随时了解它的各种信息,并向它发出各种指令。测量和控制航天器的飞行参数,正是由地面测控系统完成的。

地面测控网是对运载火箭和航天器跟踪测轨、接收与处理遥测信号以及发送遥测信号的综合系统。无线电微波传播是测控系统的基础,由于地球表面是一个近似于球面的曲面,一个地点的地面站就不可能实现对运载火箭和航天器进行全航程观测。为此,必须用分布在不同地点的多个地面站"接力"跟踪才能完成测控任务。地面测控网由多个测控站、测控中心和通信系统组成。测控站直接对运载火箭和航天器实施跟踪测轨、遥测信号接收、发送遥控指令和注入数据。测控中心对各测控站进行任务管理,将测量数据汇集连接,进行分析处理和信息生成,并向各测控站发送时间统一信号,即时统信号。通信系统完成测控中心与各测控站发射控制中心以及航天器回收场指挥站之间的数据、图像和语音传输。通信系统采用有线、无线和卫星通信等多种手段,专用于测控网。测控中心从发射指挥中心获取发射进程信息,接受发射控制中心的统一任务调度。

地面应用系统　地面应用系统负责接收航天器在太空获得的探测信息,加以解译、处理、判读和分析,获得最终所需的应用信息。例如,航天器上的天文观测装置接收到的天文信息,登月飞行时获得的各种月球信息,都由地面应用系统接收、汇集和整理加工。

航天器的"解剖学"

航天器包含的大量仪器设备,由若干系统组成,这些系统可分为有效载荷和平台系统两个大类。

有效载荷是指与航天器所执行的任务直接有关的系统,大致可分为探测仪器、遥感仪器和转发器三类。科学卫星使用各种探测仪器——如红外天文望远镜、宇宙线探测器和磁强计等——探测空间环境和观测天体;通信卫星经过通信转发器和通信天线传递各种无线电信号; 对地观测卫星使用各种遥感器——如可见光照相机、合成孔径雷达、多光谱相机等——获取地球的各种信息。

平台系统是为实现航天器的功能提供保障的系统。主要包括结构与机构分系统、热控分系统、供配电分系统、制导导航与控制分系统、推进分系统、测控通信分系统、数据管理分系统等。对于载人航天器还要包括航天员的生命保障分系统、回收分系统等。

结构与机构分系统　用于支撑、固定航天器上的各类仪器设备,传递和承受载荷,并能保持航天器的完整性及完成各种规定工作。一般包括主承力机构、总装直属件、展开与锁定机构、连接与分离装置等。

热控分系统　用于控制航天器内外热交换过程,使其平衡温度处于要求范围内的分系统。它用于航天器在经历不同外热流条件时,保证航天器上各类仪器设备正常工作。热控方式一般可分为主动热控和被动热控两种:主动热控主要是一些主动加热措施,如热管、热辐射器等;被动热控包括涂层、多层包覆材料等。

供配电分系统　用于产生、存储、变换和传输电能的系统,它是航天器工作的能量源。一般的航天器多采用太阳电池阵与蓄电池组合供电。接收到的太阳能通过太阳电池的光电效应转变为电能,供给航天器上设备使用,同时存储一部分在蓄电池中,以供航天器运行在阴影段——接收不到太阳能时供给设备使用。

制导导航与控制分系统　用于控制卫星的姿态与轨道的系统。所谓姿态,是指航天器在惯性空间的指向,姿态控制包括姿态稳定与姿态机动两部分。姿态稳定的方式包括自旋稳定、三轴稳定和重力梯度稳定等。轨道控制是用于实现航天器在不同轨道间的变换,保持在预定的轨道等。

推进分系统　制导导航与控制系统的执行机构,为航天器的姿

轨控提供动力。推进的方式包括冷气、单组元推进、双组元推进、双模式推进、电推进等。

　　测控通信分系统　遥测、遥控、跟踪测轨与数据传输分系统的总称。遥测用于采集航天器上各类仪器设备的工作参数及其他相关参数，实时或延时发送给地面测控站，以实现地面站对航天器工作状态的监视。遥控用于接收地面的指令，直接或经数管系统传送给有关的仪器设备加以执行，以实现地面对航天器的控制。跟踪测轨用于协同地面站，测定航天器运行的轨道参数，保持与地面的联系和控制。数据传输用于把航天器在轨获得的探测数据传输到地面应用，实现其既定功能。

　　数据管理分系统　用于储存各种程序，采集、处理数据以及协调管理航天器各分系统的工作。

　　总之，航天飞行是一项十分复杂的任务，它需要各个复杂的分系统分别满足能量供应、信息传输、轨道控制等要求。任何一个小小环节出现差错，都有可能导致"一着不慎，全盘皆输"的后果：轻则影响航天器功能的实现，重则造成整个航天器毁于一旦的严重事故。

第三章 从"东方红号"到"神舟号"

在人类 50 年的航天实践史上,中国也占据了重要的地位。1970年 4 月 24 日中国第一颗人造地球卫星"东方红一号"发射成功,使中国成为世界上第五个发射卫星的国家。1975 年 11 月 26 日,中国首颗返回式卫星发射成功,3 天后顺利返回, 中国成了世界上第三个掌握卫星返回技术的国家。截止 2005 年,中国用自己研制的 12种"长征号"系列运载火箭分别从酒泉、西昌、太原三个卫星发射中心成功地发射了 67 颗国产卫星和 6 艘国产飞船。67 颗国产卫星中,科学技术试验卫星 14 颗,返回式卫星 20 颗,通信广播卫星 11颗,气象卫星 7 颗,测量大气密度的气象卫星 2 颗,中国和巴西共同研制的地球资源卫星 2 颗,中国资源卫星 3 颗,"北斗号"导航卫星3 颗,海洋卫星 1 颗,微小卫星 2 颗,地球空间双星探测计划中的探测卫星 2 颗。

2003 年,中国首次载人飞船飞行获得圆满成功,在攀登世界科技高峰的征程上又迈出了具有重大历史意义的一步,这使中国成了世界上第三个掌握载人航天技术的国家。

让我们一起来看看这些飞入太空的来自古老而年轻的中国的使者吧。

"东方红号"系列

"东方红号"系列卫星是中国通信广播系列卫星。

东方红一号 1970 年 4 月 24 日 21 时 35 分, 在甘肃酒泉发射场,"东方红一号"卫星(图 3-1)一举发射成功,由此开创了中国航

图 3-1　"东方红一号"卫星是一个直径为 1 米、类球形的多面体,总重 173 千克。电子乐音发生器是全星的核心部分,它通过 20 兆赫短波发射系统反复向地面播送《东方红》乐曲的前八小节

天史的新纪元,使中国成为继苏、美、法、日之后世界上第五个独立研制并发射人造地球卫星的国家。

中国的第一颗卫星总体技术方案要求卫星发射入轨以后,要"抓得住、看得见、听得到"。"抓得住",就是要在卫星发射后,不管气象情况如何,都能够跟踪测量。"看得见",即在地球上的观测人群能用肉眼看见卫星,火箭设计人员在第三级火箭上加上"观测裙",可提高末级火箭的亮度,便于人们观看。"听得到",即让全国和全世界都能用一般的收音机收听中国第一颗卫星发送的乐曲。《东方红》乐音的接收、转播系统,是中国第一颗卫星独有的系统。产生悦耳动听的"东方红"乐曲,不是靠录音机,而是用电子线路产生复合音。经过技术人员的努力,三个目标都得以圆满实现。

东方红二号　1984 年 4 月 8 日首次发射成功。中国共研制和发射了三颗"东方红二号"卫星(图 3-2),从 1970 年开始研制到第三颗卫星发射,经历了近 16 年。"东方红二号"的发射成功,开启了用中国自己的通信卫星进行卫星通信的时代。

　　东方红三号　是中国新一代通信卫星,主要用于电视传输、电话、电报、传真、广播和数据传输等业务。"东方红三号"(图 3-3)卫星于 1997 年 5 月 12 日由"长征三号甲"运载火箭发射升空,并准确进入倾角 28.4°,周期 10 小时 39 分,近地点为 207 千米,远地点为 36 194 千米的大椭圆转移轨道。按预定飞行程序,在地面测控系统的测控管理下,卫星先后完成进入太阳搜索模式;南北太阳电池阵展开;通信天线的展开;远地点变轨发动机经过第三次点火变轨,卫星进入准静止轨道,并完成定点捕获;5 月 20 日 16 时卫星成功的定点于东经 125°赤道上空。

图 3-2　　"东方红二号"卫星开启了中国用国产通信卫星进行卫星通信的时代

　　"东方红三号"卫星为中等容量通信卫星,可装载有效载荷 200 千克,整星功率 1800 瓦,星上有 24 路 c 频段转发器,其中 6 路为中功率转发器;18 路为低功率转发器。服务区域包括:中国大陆、海南、台湾及近海岛屿。它主要用于电话、传真、数据传输、vsat 网、电视等业务,服务对象遍布全国各地。

　　东方红四号　为加快自主研制通信卫星的市场竞争力,中国从 1998 年开始加紧研制新一代大型静止轨道卫星公用平台。2002 年 5 月与鑫诺卫星公司签署了"鑫诺 2 号"(SINOSAT-2)卫星采购订货合同。"鑫诺 2 号"卫星的主要服务对象是我国大陆、港澳台地区的通信广播用户。

图 3-3 "东方红三号"卫星于 1998 年初正式开始商业运营,为中国人民的社会生活、经济活动、文化教育、外交、政治等各方面提供重要的服务,对推进中国的信息化进程具有重要的作用

该卫星使用中国正在研制的新一代大型静止轨道卫星公用平台,即"东方红四号"(图 3-4) 卫星平台,装载 22 路 Ku 频段大功率转发器,卫星寿命末期输出功率 10.5 千瓦,发射重量 5100 千克,设计寿命 15 年,使用"长征三号乙"运载火箭由西昌卫星发射中心发射,整星指标和能力达到国际先进水平。在"东方红四号"大平台的基础上,又先后签署了尼日利亚和委内瑞拉通信卫星合同,实现了中国

图 3-4 "东方红四号"通信卫星平台,整星指标和能力达到国际先进水平

整星出口"零的突破"。

"东方红四号"卫星平台由电源、测控、数据管理、姿态和轨道控制、推进、结构与机构、热控等分系统组成,全三轴稳定控制方式。该平台输出总功率为8~10千瓦,并具有扩展至10千瓦以上的能力,能为有效载荷提供功率约6~8千瓦。该平台可承载有效载荷重量600~800千克,整星最大发射重量可达5200千克,可采用"长征三号乙"、"阿里安号"和"质子号"等运载火箭发射。该平台设计寿命为15年。

"实践号"系列

"实践号"系列卫星是中国研制的以科学实验和技术试验为主要目的的卫星系列。

实践一号 "实践一号"是一颗自旋稳定的科学实验卫星,只经历不到10个月的时间就成功发射升空。1977年3月3日发射入轨,1979年5月11日卫星轨道寿命结束,星上长期工作的遥测系统一直清晰地向地面发回遥测信息。

实践二号 "实践二号"是继"实践一号"之后的又一颗科学实验卫星,以空间物理探测为主,兼顾卫星工程新技术试验。采用"一箭三星"发射方案,即以"实践二号"为主星,加"实践二号甲"和"实践二号乙",共3颗卫星一起发射。1981年9月20日发射成功。

实践四号 "实践四号"是中国发射的第一颗小卫星,主要研究空间带电粒子及其对航天器的影响。是中国第一次发射的在大椭圆轨道上系统地对空间带电粒子及其效应进行探测的卫星。

实践五号 "实践五号"(图3-5)卫星是中国第一颗采用公用平台技术的小型应用卫星,其卫星入轨质量为300千克,设计寿命为3个月,结构上采用了分舱设计。星上首次采用中心计算机将星上电子设备统一管理的星务管理技术。在控制上采用三种控制模式。第一种是以太阳敏感器、速率陀螺为敏感器件,用冷气、偏置动

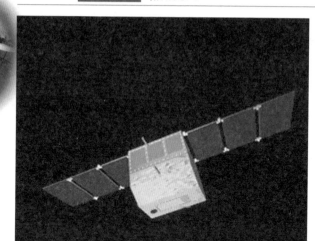

图 3-5 我国第一颗采用公用平台技术的小型应用卫星——"实践五号"

量轮等执行部件建立对日三轴稳定模式,进行流体科学实验;第二种是利用冷气起旋,建立对日定向自旋稳定模式,以满足单粒子试验的要求;第三种是建立对地定向的三轴稳定模式,进行小卫星公用平台技术实验。该卫星研制成功不但满足科学实验的新技术试验需求,还提供了一个可"裁剪"的满足多种有效载荷需求的公用平台。

"实践五号"卫星完成的主要任务包括空间流体科学实验,单粒子效应及其对策研究,S波段高速数传发射机试验及大容量固态存储器实验,公用平台技术试验,包括星务管理技术、对地指向三轴控制技术等。

资源卫星

资源卫星是对地资源观测系列卫星。

"资源一号"卫星是我国第一代传输型地球资源卫星,星上三种遥感相机可昼夜观察地球,利用高码速率数传系统将获取的数据传输回地球地面接收站,经加工处理成各种所需的图片,供各类用户使用。

由于卫星设置多光谱观察,对地观察范围大、数据信息收集快,因此特别有利于动态和快速观察地球地面信息。该卫星在我国国民经济的主要用途是:其图像产品可用来监测国土资源的变化,每年更新全国利用图;测量耕地面积,估计森林蓄积量,农作物长势、产量和草场载蓄量及每年变化;监测自然和人为灾害;快速查清洪涝、地震、林火和风沙等破坏情况,估计损失,提出对策;对沿海经济开发、滩涂利用、水产养殖、环境污染提供动态情报;同时勘探地下资源、圈定黄金、石油、煤炭和建材等资源区,监督资源的合理开发。它将在我国国民经济中发挥强有力的作用。

"资源一号"卫星是颗三轴稳定的太阳同步轨道卫星。卫星包括有效载荷和服务系统两部分,共由 15 个分系统组成。卫星总质量为1540 千克。星体为长方体,采用单翼太阳电池阵,本体外形尺寸为2000 毫米×1800 毫米×2250 毫米。携带有 CCD 相机、红外扫描仪(也称红外相机)、宽视场相机、图像数据传输、空间环境监测和星上数据收集(dcs)等分系统。CCD 相机有蓝、绿、红、近红外和全色等五个光谱段,采用推扫式成像技术获取地球图像信息。红外扫描仪有可见光、短波红外和热红外等波段,采用双向扫描技术获取地球图像信息,它可昼夜成像。宽视场相机具有红光和近红外波段,五天内可对地球覆盖一遍。三台遥感器的图像数据传输均采用 X 频段。CCD相机数据传输分二个通道,红外扫描仪和宽视场相机共用第三个数据传输通道。图像数据经编码、调制、变频和功放由天线发射出射频信号,在卫星经过地面站上空时,被地面站接收。星上数据收集分系统利用地面设置的几百个数据收集平台收集的水文和气象数据,通过星上转发器实时地传送到地面接收站。

"资源一号"卫星是我国空间事业对外合作的又一个窗口,它进一步推动了在航天领域方面我国和国际的交流与合作。

1988 年中国和巴西两国政府批准联合议定书,在中国"资源一号"原方案基础上,由中、巴两国共同投资,联合研制"中巴地球资源

图 3-6 中国和巴西共同投资、联合研制的"中巴地球资源卫星"

卫星"(代号 cbers,图 3-6),并规定该卫星投入运行后由两国共同使用。

"风云号"气象卫星

风云一号　是中国的极轨气象卫星系列(图 3-7),共发射了 3 颗,即"风云一号甲"、"风云一号乙"和"风云一号丙"。其中"风云一号甲"和"风云一号乙"分别于 1988 年 9 月和 1990 年 9 月发射,是试验型气象卫星。这两颗卫星上装载的遥感器成像性能良好,获取的试验数据和运行经验为后续卫星的研制和管理提供了有意义的数据。"风云一号丙"于 1999 年 5 月 10 日发射,运行于 901 千米的太阳同步极轨道,设计寿命 3 年。卫星的主要遥感器是甚高分辨率可见光—红外扫描仪,通道数由"风云一号甲"和"风云一号乙"的 5 个增加到 10 个,分辨率为 1100 米。卫星获取的遥感数据主要用于天气预报和植被、冰雪覆盖、洪水、森林火灾等环境监测。

风云二号　是中国自行研制的第一颗静止轨道气象卫星。"风云二号"是一个直径 2.1 米、高 1.6 米的圆柱体,包括天线在内卫星

图 3-7 "风云一号"气象卫星

总高度为 3.1 米,重约 600 千克,卫星姿态为自旋稳定,自旋转速为 100±1 转/分钟,卫星设计寿命为 3 年(图 3-8)。"风云二号"卫星装有多通道扫描辐射计和云图转发等有效载荷,可获取有关可见光云图、昼夜红外和水汽云图,播发宽数字图像、低分辨率云图和 S 波段天气图,获取气象、海洋、水文数据收集平台的观测数据;收集空间环境监测数据,卫星工作于东经 105°赤道上空,位置保持精度为东西±0.5°、南北±1°。

1997 年 6 月 10 日 20 时,"风云二号"卫星用"长征三号"运载火箭发射升空,在卫星地面测控站、远望二号测量船的测控管理下,卫星完成了星箭分离、卫星起旋、远地点调姿、远地点发动机点火、二次解锁分离、准静止轨道漂移等工作,于 6 月 17 日定点成功。经测试表明,系统工作正常,性能指标满足合同要求。

"风云二号"卫星继承"东方红二号甲"卫星自旋稳定模式基础上,采用了多通道扫描辐射计、三通道微波传输、章动控制等一些新技术。"风云二号"气象卫星是空间技术、遥感技术、通信技术和计算机技术等高技术相结合的产物,它定向覆盖、连续遥感地球表面与

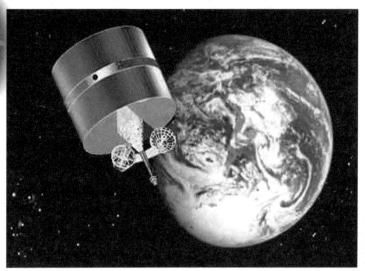

图3-8　"风云二号"气象卫星

大气分布,具有实时性强、时间分辨率高、客观性和生动性等优点。"风云二号"气象卫星于1997年12月1日正式交付用户进行业务使用。卫星云图资料在监测台风和海洋天气、暴雨预报、为防汛服务、进行青藏高原上空天气系统分析、航空气象保障及气候变化等方面已发挥出重要作用。它的主要性能指标达到了20世纪90年代初期同类静止气象卫星的水平。

地球空间"双星计划"

　　"双星计划"是中国"地球空间双星探测计划"的简称,是中国国家航天局同欧洲空间局共同支持的一个空间探测计划。这一计划主要用于研究太阳活动、行星际扰动触发磁层空间暴和灾害性地球空间天气的物理过程,进而建立磁层空间暴的物理模型、地球空间环境动态模型和预报方法,为空间活动安全以及维护人类生存环境提供科学数据和相应对策。

　　中国的"双星计划"与欧洲空间局重要的磁层探测计划(已发射

4颗卫星)已经形成密切配合的两个联合观测项目,并将形成人类历史上第一次对地球空间的六点立体探测。这是中国第一次以自己的先进空间探测项目,同发达国家建立从技术到应用的高层次、实质性的对等合作。

双星计划包括两颗小卫星:"探测一号"卫星(赤道星,图3-9)和"探测二号"卫星(极轨星)。"探测一号"卫星运行于近地点550千米、远地点66 790千米、倾角28.5°的轨道,用于探测近地磁尾区的磁层空间暴过程及向阳面磁层顶区太阳风能量向磁层中的传输过程;"探测二号"卫星运行于近地点700千米、远地点39 000千米、倾角90°的轨道,用于探测太阳风能量和近地磁尾区能量向极区电离层和高层大气的传输,以及电离层粒子向磁层中的传输过程。

2003年12月发射的"探测一号"卫星是近地赤道卫星,质量为335千克,由星体结构、姿控、热控、电源、总体电路、星务、测控、有效载荷等系统组成,主要探测近地磁尾区的磁层空间暴过程及向阳面磁层顶区太阳风能量向磁层中的传输过程。"探测一号"卫星与2004年7月发射的"探测二号"卫星(近地极区卫星)运行于目前国际上地球空间探测卫星尚未覆盖的重要活动区,它们相互配合,构成具有明显创新特色的星座式独立探测体系,可以对地球空间暴的发生机制和发展规律进行立体探测。

2004年7月25日15时05分,"探测二号"卫星成功地从太原卫星发射中心发射升空,30分钟后准确进入预定轨道。至此,中国科学家于1997年提出的"地球空间双星探测计划"得以真正实现。这一计划与欧洲空间局"星簇计划"组成的联合观测项目,将在人类历史上首次对地球空间进行六点立体探测。这次发射的"探测二号"是极轨星,质量约343千克,设计寿命12个月,构型与"探测一号"卫星基本相同,但装载了功能不同的有效载荷,包括三分量磁通门磁强计、中性原子成像仪、电子和电流仪、高能电子探测器、高能质子探测器、重离子探测器、低频电磁波探测器和低能离子探测器。

图 3-9 在厂房中的"探测一号"卫星

　　双星计划有力地促进了中国空间物理学科的发展,推动了我国在国际空间领域与其他国家的进一步合作,标志着我国地球空间探测水平又迈上了一个新台阶。

"北斗号"导航试验卫星

　　2000 年 10 月 31 日凌晨 0 时 02 分,中国自行研制的导航定位

图 3-10 "北斗号"
导航试验卫星

卫星——"北斗号"导航
试验卫星 (图 3-10)在
西昌卫星发射中心发射
升空,并准确进入预定
轨道。"北斗号"导航试
验卫星共发射三颗,自行建立中国第一代卫星导航定位系统——
"北斗导航系统"。

"北斗导航系统"是全天候、全天时提供卫星导航信息的区域导
航系统,主要为公路交通、铁路运输、海上作业等领域提供导航服
务,它将对我国国民经济建设起到积极推动作用。

"神舟号"飞船

"神舟号"飞船是中国自行研制的载人航天系列飞船 (图 3-
11)。1999 年 11 月 20 日,中国自行研制的第一艘试验飞船"神舟一
号"在中国酒泉卫星发射中心用"长征二号 F"新型运载火箭发射升
空,次日在内蒙古中部地区成功着陆。飞船由轨道舱、返回舱和推进
舱组成。轨道舱是航天员生活和工作的地方。返回舱是飞船的指挥
控制中心,航天员乘坐其上天和返回地面。推进舱也称动力舱,为飞
船在轨飞行和返回时提供能源和动力。这次试验飞行没有载人,主
要验证了有关创新技术。它是中国载人航天工程的首次飞行,标志
着中国在载人航天飞行技术上有了重大突破,是中国航天史上的重
要里程碑(图 3-12)。

图 3-11　"神舟号"飞船在总装厂房

2001年1月10日发射升空的无人飞船"神舟二号"，按预定计划在太空完成空间科学和技术试验任务后，于北京时间1月16日晚上7时22分，在内蒙古中部地区返回。"神舟二号"飞船遨游太空7天期间，环绕地球运行了108圈。"神舟二号"是中国第一艘正样无人飞船。飞船技术状态与载人飞船基本一致。中国首次在飞船上进行了微重力环境下空间生命科学、空间材料、空间天文和物理等领域的实验，其中包括：进行半导体光电子材料、氧化物晶体、金属合金等多种材料的晶体生长；进行了蛋白质和其他生物大分子的空间晶体生长；开展了植物、动物、水生生物、微生物及离体细胞和细胞组织的空间环境效应实验等。飞船在轨运行期间，各种试验仪器设备性能稳定，工作正常，取得了大量宝贵的飞行试验数据。

2002年3月25日，中国又发射了"神舟三号"无人飞船。飞船除没有承载宇航员外，其他技术状态与载人飞船状态完全一致，飞行试验取得圆满成功。

2002年12月30日，"神舟四号"飞船升空。"神舟四号"飞船是在"神舟一号"、"神舟二号"、"神舟三号"飞行试验成功的基础上,经进一步完善研制而成,其配置、功能及技术状态与载人飞船基本相同,这也是中国最后一次无人飞行试验。飞船按计划在轨飞行 6 个多小时后在主着陆场顺利着陆。

"神舟四号"飞船由推进舱、返回舱、轨道舱和附加段组成,总长约 7.4 米,最大直径 2.8 米,总质量 7794 千克。推进舱的两个太阳电池翼总面积 24.48 平方米,展开后的翼展宽度约 17 米。轨道舱的两个太阳电池翼总面积 12.24 平方米,展开后的翼展宽度约 10.4 米。"神舟四号"飞船配置有 13 个分系统以及供配电与电缆网。结构与机构分系统保证飞船的构型,并为航天员提供生活的结构空间。

2003 年 10 月 15 日 9 时整,杨利伟乘坐"神舟五号"飞船在震天撼地的轰鸣中腾空而起。9 时 10 分左右,飞船进入预定轨道,标志着杨利伟成为浩瀚太空迎来的第一位中国访客。绕地球飞行 14 圈后,10 月 16 日 5 时 35 分,北京航天指挥控制中心成功向正在太空

图 3-12 "神舟号"飞船翱翔太空是中国航天史上的重要里程碑

图 3-13 杨利伟在返回舱外向人群招手致意

运行的"神舟五号"发送返回指令。6 时 36 分,地面搜索人员找到了"神舟五号"返回舱。返回舱完好无损,航天英雄杨利伟自主出舱,中国首次载入航天飞行圆满成功(图 3-13)。

2005 年 10 月 12 日,"神舟六号"飞船载着两名宇航员升空,在轨工作近 5 天,实现了中国载人航天史上的首次多人多天飞行,标志着中国载人航天技术迈上了新的台阶!

第四章　访问月球的使者

　　人类的月球探测历程已经有近 50 年的历史，让我们先回顾一下曾经拜访过月球的那些使者吧。

人类探测月球的历程

　　1957 年 10 月 4 日，苏联成功地发射了"人造地球卫星 1 号"，标志着人类步入了太空时代，人类也由此开始了月球、火星、金星、水星等太阳系探测活动。地球人造卫星发射成功后，苏联和美国立即把目光锁定在月球上，第二年就开始向月球发射探测器，并在随后的近 20 年中一直是其航天活动的主旋律。从 1959 年至 1976 年，在冷战背景下，美国和苏联展开了以月球探测为中心的空间竞赛，掀起了第一次月球探测高潮，两国先后发射了上百个月球探测器，无论在技术上还是科学研究上都取得了巨大的成就。

　　20 世纪 70 年代中期至 90 年代初，是月球探测的沉寂期。通过对第一次月球探测活动的总结和反思，随着科学与空间技术的不断提高和完善，各空间大国开始了"重返月球"的计划。美国在 1994 年和 1998 年分别发射了"克莱门汀号"和"月球勘探者号"探测器。2004 年 1 月 14 日，美国总统布什(George Walker Bush)宣布了新的太空计划，月球探测成为美国在未来 20 年中深空探测的重头戏，并预计 2018 年将载人重返月球。

第一次月球探测高潮

　　20 世纪 60~70 年代，苏、美两国在空间技术方面展开了激烈的

竞争,在 1959 年至 1976 年的 17 年中,原计划发射 94 个月球探测器,实际上先后发射了 65 个,发射成功 45 个,其中美国 22 个,苏联 23 个。美国 6 次"阿波罗号"载人登月飞船和苏联 3 次"月球号"不载人自动采样返回探测器一共采集了 382 千克(其中"阿波罗号"占 381.7 千克,"月球号"为 0.3 千克)月球岩石、土壤样品,通过对这些月球探测成果的分析与系统研究,大大丰富与加深了人类对月球的认识。这期间的月球探测活动主要有美国的 "先驱者号"、"徘徊者号"、"勘测者号"、"月球轨道器号"以及"阿波罗号"系列月球探测器。苏联的月球探测活动主要包括"月球号"和"探测器号"2 个系列的月球探测器。

月球探测的宁静期

从 1976 年至 1994 年的 18 年期间,苏联/俄罗斯和美国都没有再发射过月球探测器,月球探测处于低潮,这里面既有政治的原因,也有技术的原因。人们需要时间对前期轰轰烈烈的探月进行深刻的总结与反思,同时把目光投向了更远的太空——例如火星。

重返月球新态势

经过近 20 年月球探测的宁静时期,特别是 1989 年美国前总统布什(George Herbert Walker Bush)提出"重返月球"的设想后,美国、俄罗斯、欧洲空间局和日本等都相继提出了重返月球的宏伟计划。在此前后,美国还进行了 2 次生物圈密闭生态系统实验,为建立月球基地做准备,并开始实施"快、好、省"的空间探测战略。

1990年日本向月球发射了"飞天号"探测器,用于探测地月空间环境,并从该探测器上释放了"羽衣号"月球轨道器进行环月观测。

1994年美国向月球发射了"克莱门汀号"环月探测器,对全月球进行了高精度的摄影测量, 获得了全月球的数字地图和地形图,部分地区的图像分辨率比以往的月球照片高出 100 倍以上。"克莱门汀号"还用紫外和近红外摄像仪第一次对整个月球表面进行了 11 个波段的扫描摄影,获得了许多极有价值的专业地图,包括全月球表面铁和钛的分布图。

1998 年美国发射了"月球勘探者号"环月探测器,探测到全月球表面钛、铁、铀、钍和钾的分布,并再次证实月表水冰的存在。"月球勘探者号"的成功发射,标志着人类开始了重返月球的新征程。

2004 年,美国总统布什公布了"新太空计划",包括一系列无人月球探测,然后于 2018 年实现载人重返月球。其后欧洲空间局公布的"曙光女神"计划也规划了大量的月球无人与载人探测。这标志着以开发利用月球资源、试验新技术为主要目标的新一轮月球探测高潮已经来临。

无人月球探测器

"月球号"计划是苏联最早的两个月球探测计划之一。该计划是一个具有 24 个探测器的系列,从 1959 年一直延续到 1976 年。它开展了如下活动:月球飞越、绕月飞行、软着陆探测、月球车巡视和月壤取样返回。苏联的月球探测器共有 7 次成功地在月表软着陆。其中"月球 9 号"、"月球 13 号"着陆器对着陆点周围进行摄影和探测;"月球 17 号"和"月球 21 号"分别带有"月球车 1 号"和"月球车 2 号",在着陆点附近自动行驶,巡视摄影并进行探测。"月球 16 号"、"月球 20 号"和"月球 24 号"共 3 次在月表利用钻岩机自动获取月壤样品并运回地球,为精确分析月壤成分打下了基础。这个计划为苏联的月球科学研究与技术验证做出了巨大贡献。

美国早期的无人月球探测计划,主要目标是了解月球、试验技术,为"阿波罗号"载人登月计划做准备。"先驱者号"系列飞越探测、"徘徊者号"系列硬着陆探测、"勘测者号"系列软着陆探测和"月球轨道器号"环月探测等活动先后实施,获得了大量关于月球的科学知识与技术储备,为"阿波罗号"载人登月的顺利实现奠定了必要的基础。

无人月球探测器一般可分为轨道探测器、着陆探测器、月球车和自动采样返回探测器4大类。

轨道探测器

月球轨道探测器是指没有着陆在月球表面，或以掠过的形式飞越月球，或长期运行在绕月轨道上的飞行器。这类飞行器可以在较长的时间内获取月球全局性的大尺度探测信息。从苏联早期的"月球号"，到20世纪末新一轮月球探测高潮的"月球勘测者号"、"智慧1号"，都获得了大量科学和技术成果。

"月球1号"和"月球3号" 1959年1月2日发射的月球探测器"月球1号"是第一个到达月球附近的飞行器。"月球1号"的预定任务是要硬着陆于月球表面，实际上却从距月球约6000千米远处掠过，进入了环绕太阳运行的轨道。它向地球发回了人类第一张从较近距离拍摄的月球图片，并证实了月球不存在全球磁场。1959年10月4日发射的"月球3号"探测器，从距离约65 000千米处掠过月球，向地球发回了第一张月球背面的照片，使人类第一次看见了月球背面的景象。

"月球12号" 1966年10月22日发射的"月球12号"(图4-1)探测器是苏联的第二代月球轨道探测器，其发射质量约1620千克，工作轨道为近月点高度133

图4-1 苏联于1966年10月22日发射的"月球12号"探测器

千米、远月点高度 1200 千米的椭圆环月轨道。它携带了摄像机、γ/X 射线谱仪、微流星监测计、月球红外辐射探测仪、磁强计等科学仪器。对月光学成像分辨率达到 14.9~19.8 米。

月球轨道器号 美国的"月球轨道器号"项目是一个月球环绕轨道探测计划,于 1966 年至 1967 年间实施,共发射 5 次,全部获得成功,获取了 99%月球表面的 1654 张高质量照片,其分辨率达到 60 米或更高。

"月球轨道器号"是绕月轨道上的月面测绘探测器,重 385 千克,由"宇宙神–阿金纳 D 号"火箭发射,先射入停泊等候轨道,滑行 14 分钟后,再通过"阿金纳 D 号"二次点火,进入周期 94 小时的地月转移轨道。一旦星箭分离后,此后的轨道校正、制动、转入绕月轨道以及变速变轨任务,就都由星载速度控制系统执行了。在距地球 352 370 千米、距月球 1260 千米处,进行减速机动,使速度减为 5028 千米/小时(约 1400 米/秒),以保证引入初始绕月轨道。

"月球轨道器 1 号"、"月球轨道器 2 号"和"月球轨道器 3 号"是为了对由地面观测预先确定的 20 个有软着陆潜力的区域进行高精度拍摄而设计的探测器;"月球轨道器 4 号"和"月球轨道器 5 号"则是更多从科学目标上考虑而设计的月球极轨探测器,其中"月球轨道器 4 号"完成了月球正面和 95%月球背面的拍摄任务,而"月球轨道器 5 号"拍摄的照片覆盖了整个月球背面,而且分辨率也比前面 4 次高得多(最高达到 2 米)。"月球轨道器号"所获取的照片使科学家得以选择"阿波罗号"飞船载人登月的着陆点。

"月球勘探者号" 1998 年 1 月 7 日,美国发射了"月球勘探者号"(图 4–2)小型月球探测器。它的发射质量只有 296 千克,是一个直径 1.37 米,高 1.28 米的圆柱体,伸展出三根悬臂,用于安装各类科学探测仪器。

"月球勘探者号"运行在高度为 100 千米的极月圆轨道上,在任务周期后期降轨为 40 千米。它测量了月球的磁场、重力场和辐射环

图 4-2 "月球勘探者号"探测器

境,同时再次对月球南极可能存在水冰给出了证据,这对引起新一轮月球探测的高潮产生了重要影响。

"智慧 1 号" "智慧 1 号"(图 4-3)是欧洲空间局发射的第一个月球探测器。其英文名 SMART 实际上是首字母缩略词, 全称为 Small Missions for Advanced Research in Technology。这是一个以技术实验为主的月球探测器。

"智慧 1 号"2003 年 9 月 27 日发射,发射质量 370 千克,携带有 19 千克科学探测和技术试验仪器。"智慧 1 号"利用微小推力的离子发动机实现奔月飞行。在经历了 14 个月的漫长飞行后于 2004 年 11 月 15 日进入月球轨道,开始科学探测任务。"智慧 1 号"在近月点 300 千米,远月点 1000 千米的月球轨道上工作了 1 年多,进行了

图 4-3 欧洲空间局的第一个月球探测器"智慧 1 号"

月面三维成像、近月空间辐射等科学探测,验证了离子推进、Ka 波段通信等先进技术。

"智慧 1 号"是典型的低成本、小型化、多目标月球探测器的代表。

软着陆探测器

软着陆是登上另一个星球,实现开发利用行星、星际移民的第一步,是载人探测必要的技术试验、技术基础和经验积累。这种亲临其境的探测方式,在深度和精度上比卫星的遥感探测要高得多,而两者数据又可互相补充、互相验证;与载人着陆相比,在成本和风险上却要低得多。因此,在行星探测中,软着陆探测无论在技术衔接,

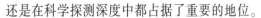

还是在科学探测深度中都占据了重要的地位。

苏联、美国早期的月球软着陆探测，主要目的是试验软着陆技术，考察月表的硬度、温度、地形地貌等环境条件，探测月表的有用元素含量及其分布，为载人登月选定位置、做好技术储备。

苏联在1963年1月至1966年12月间，13次发射"月球号"系列月球软着陆无人探测器，在月球成功软着陆2次（"月球9号"和"月球13号"），大部分失败均发生在发射时。1970年11月，"月球17号"和1973年1月"月球21号"先后发射成功。它们携有可自动巡视的月球车——"月球车1号"和"月球车2号"，分别在月面行走10.5千米和37千米。1970年9月"月球16号"、1972年2月"月球20号"和1976年8月"月球24号"又先后成功实现了3次月表软着陆并自动取样返回地球。

美国在1966年5月至1968年1月间共7次发射月球软着陆无人探测器，其中成功5次——"勘测者号"系列的1号、3号、5号、6号和7号。美国没有发射自动巡视探测月球车，而是通过"阿波罗号"飞船把宇航员送到月面上驾驶月球车探测。

"月球2号"　1959年9月12日发射的"月球2号"，原计划是在月面上进行软着陆。在向月球飞行途中，"月球2号"释放出由钠气体发出的明亮的橙色云团，以有效地监测探测器，并研究该气体在地月空间中的行为。但在9月14日，"月球2号"的电信号突然中断，表明它已撞击月球，撞击点在腐沼（Palus Putredinus）地区（0°，29.1°N）；大约30分钟后，第三级火箭也撞击在月球上。尽管"月球2号"未能实现预定的月球软着陆，但它通过所携带的仪器首次证实了月球没有磁场（在离月面55千米处进行测量），也没有发现月球周围存在辐射带，并分析了近月空间的宇宙辐射强度。本来计划进行软着陆的"月球2号"反而变成了第一个硬着陆器，并成为月球上第一个人造物体。

"月球9号"　是世界上第一个在月球表面软着陆的人造飞行

器。总重 1538 千克,其中推进剂 800 千克。由着陆器、制动发动机和仪器舱组成。外观如图 4-4 所示。着陆器为球状,直径 58 厘米,重100 千克,带有摄像机、通信设备、电源和温控系统及其他科学探测仪器。仪器舱中装有姿态控制系统、电池、雷达天线等电子元器件。制动发动机用于地月转移轨道的中途修正和制动着陆,采用液体发动机。着陆器在着陆后展开花瓣状的四片护罩,一方面用于作为天线反射面,发送图像信息,一方面用于支撑、稳定着陆器,其后还展开 4 根鞭状天线。着陆速度 2.6 米/秒。

"月球 9 号"携带的科学探测仪器主要包括电视摄像机、气体放电辐射计数器、亮度标准测量仪、辐射计等。"月球 9 号"在月表工作48 小时,传回了不同光照条件下的月表图像,便于分析月表的地形地貌。

"月球 9 号"探测器在距离月球 8300 千米时调整姿态,准备制动。用雷达高度计测量距月面的高度,达到 75 千米时,由地面站发

图 4-4 "月球 9 号"外观示意图

出指令,制动火箭点火,同时由推力器保证探测器的姿态。随着接近月面,着陆器外面包覆的气囊开始充气,在距月面约4米高时,气囊与探测器分离,自由落在月面上。着陆后,气囊与着陆器本身分离,着陆器开始工作。着陆过程示意图见图4-5。

"月球13号"与"月球9号"相似,只是有效载荷有所不同。总重1620千克,着陆器重112千克。带有土壤机械性能测量仪、辐射密度计、过载测量仪、月表热流测量仪等,传回大量月表全景图像和科学数据。

软着陆平台"月球16号"、"月球17号"、"月球20号"、"月球21号"和"月球24号"　在"月球9号"和"月球13号"之后,苏联研制了新一代的月球软着陆平台,用于为月球车和月表取样返回舱提供软着陆。

平台带有4个柱冠形储箱用于中途修正和近月制动,4个球形储箱用于软着陆,上面提供一个"平台"用于安装月球车或取样返回舱段,用4只带有缓冲装置的"腿"作为着陆机构。仪器有着陆雷达和推力可调的发动机系统、姿态控

图4-5 "月球9号"着陆过程示意图

图4-6　苏联拉瓦奇金科研生产联合体
博物馆内陈列的月球软着陆平台

制系统、陀螺、电子设备等，还有用于测量探测器周围温度和辐射的仪器。星上计算机根据高度和速度控制发动机开关。发动机关机后靠反作用推力器实现最终的着陆。平台总重约5000千克，干重约1080千克。平台结构图见图4-6。

探测器首先进入高度110千米的月球圆轨道，然后进入近月点15.1千米的椭圆轨道，抛掉4个柱冠形储箱，开始第一次主制动，然后自由下落。至600米高度时，由多普勒速度计和雷达高度计识别，4个控制发动机点火，在距月面20米时关闭，软着陆发动机在距月面2米高、速度小于2.4米/秒关闭，然后自由下落。

"勘测者号"系列　美国从1965年开始研制第三代月球探测器"勘测者号"系列。其主要任务可分为技术试验和科学探测两个部分。技术试验包括试验"宇宙神—半人马号"运载火箭、试验新的航天器设计技术、试验机器人着陆方法、减速火箭的控制，为载人登月选址等。科学探测包括拍摄高分辨率(1毫米分辨率)照片、测量月

表的力学特性、测量月壤的机械性能、测量月表的温度和热特征、测量月表的电磁特性、分析月壤的组成等。

"勘测者号"系列探测器共研制发射了7个。探测器所用平台完全一致,只是根据任务要求其携带的有效载荷不同。它们使用"宇宙神—半人马号"运载火箭,在卡纳维拉尔角肯尼迪航天发射中心发射。"宇宙神 LV-3C"可把1800千克有效载荷送入地球同步转移轨道。"半人马 D"作为上面级把探测器送入地月转移轨道。

"宇宙神号"运载火箭在约96千米高度与"半人马号"上面级及探测器分离。"半人马号"级把探测器送入地月转移轨道。在与"半人马号"级分离前,展开着陆机构和全向天线。在分离时自动展开太阳电池阵。全向天线用于初始捕获,地面由位于南非的约翰内斯堡深空探测中心完成,其后与澳大利亚堪培拉和加利福尼亚的戈德斯通站共同完成跟踪。位于加利福尼亚州的喷气推进实验室空间飞行操作站进行飞行控制计算、在轨操作分析和应用数据接收。

"勘测者号"探测器起飞质量1008千克,干重317千克,月面着陆质量284千克。从发射到着陆共飞行66小时,采用三腿式着陆机构,在月面工作了约14个地球日(图4-7)。

着陆后,航天器太阳阵对日定向,高增益天线对地定向。转发器与天线切换到可用的频段。初始测试后,有效载荷开始工作,通过通信系统传递月球的信息。

"勘测者号"系列探测器为"阿波罗计划"进行了着陆点的选择、着陆技术的验证、月面环境数据的获得等工作,为载人登月的实施奠定了良好基础。

在无人软着陆探测过程中,获得了大量月面的全景图像,月表的地形、地貌,月壤的化学物理特性,以及月球重力场、磁场、温度场、电磁辐射环境等相关探测信息,为载人登月做好了充足准备。1969年7月至1972年12月,美国顺利实施了6次"阿波罗号"飞船登月计划,共有12名宇航员踏上了月球。而苏联的载人登月计划由

图 4-7 美国的"勘测者号"探测器采用三腿式的着陆缓冲机构

于种种原因被迫停止。

月球车

苏联是唯一实现了月表自动巡视勘察的国家。它通过软着陆平台运送了自动月球车到月面,并实施巡视勘察。

"月球 17 号"带有"月球车 1 号"。"月球车 1 号"自身重 756 千克,长 4.42 米,宽 2.15 米,高 1.92 米。在月面行走 10.540 千米,可翻越 30°的坡。工作 301 天后由于能源不足停止。"月球 21 号"带有"月球车 2 号",该车重 840 千克,在月表行走 37 千米。在月面行走速度不超过 2 千米/小时。月球车上带有 3 台摄像机和其他科学仪器。月球车在月面的行走,是由地面人员通过月球车发回的图像来指挥的。月球车发射状态见图 4-8,月面工作状态见图 4-9。

　　"月球车1号"由如下几个基本部分组成：自行底盘，承力密封容器，无线电收发设备，温控、电源、遥控系统，转换组合和电气自动装置，带有成套变电装置的科学仪器。

　　月球车上装有如下科学仪器和装置：气体放电计数器，带电粒子探测器，X射线望远镜，X射线谱仪，机械穿透器，月球激光定位用的激光角反射器，全套温度传感器。

　　有关月球表面地形和结构的大量科学信息来自提供视频信息的装置：小画面电视和遥测光度计。此外，月球车的斜率测量系统可以测定表面坡度及其分布状态的统计数据，月球车的行走装置则可保证获取月球表面土壤力学特性和离散构造强度的间接数据。

图4-8　苏联"月球车2号"的发射状态

　　"月球车1号"的密封容器是结构的基本部分，用于配置车载系统的设备，并防止外界对它的影响。容器的

图4-9　苏联月球车的月面工作状态

外面部分用于在其上面配置部分科学仪器,天线,电视摄像机和遥测光度计。温控系统的散热器,上面装有太阳能电池的隔热盖。容器还担当底盘承力结构的角色,并将行走部分的构件固定在上面。容器的形状是一个有凸状上底和下底的截锥体。容器壳体由镁合金制成。上底用作温控系统的散热冷却器。散热冷却器有一个履行双重功能的盖遮挡在上面。在月昼期间,盖打开,这时它被当作太阳能电池板使用。由于盖的机电传动机构能将它锁定在0°~180°角范围内的任何位置,所以它能保证太阳能电池对太阳定向的精度很高。在月夜期间,盖遮挡散热器,阻止热量从容器向外辐射。在容器壳体的前面部分,装有离土壤的高度为950毫米的电视摄像机光源,窄波束天线的机电传动机构,固定式锥形螺旋天线和科学仪器。在容器的左侧和右侧各装有两个鞭状接收天线, 带有全景摄影水平轴、结构上与专用光学仪器——月光垂线传感器连在一起的全景电视摄像机。这些传感器制成玻璃杯状,带有径向标定刻度盘和金属珠。标定网格和金属珠的图像投影到摄像机,并作为全景图的一部分传输。在仪器舱的后面部分装有同位素温差发电器,还安装了考察土壤物理-力学特性的从动测量轮和机械穿透器。容器内部,设备安装在固定于下底加强筋的仪器架上。从外面看,在这个加强筋上还固定着行走部分的四个安装基座。

苏联第二个自行探测装置"月球车2号"由"月球21号"探测器于1973年1月16日带到月球表面(图4-10),探测器在澄海的沿海地区,海的东部,直接靠近构造断口之一的勒莫尼埃环行山内着陆。"月球车2号"的总体布局和基本组件结构的解决方案与"月球车1号"相似。同时,"月球车1号"的使用经验有利于对下列设备进行一系列的完善工作,特别是导航设备和窄波束天线控制系统的完善工作。主要变化当属电视系统。电视摄像机中有一台安装的高度与站立人的眼睛对齐,从而使乘员组的工作轻松些。

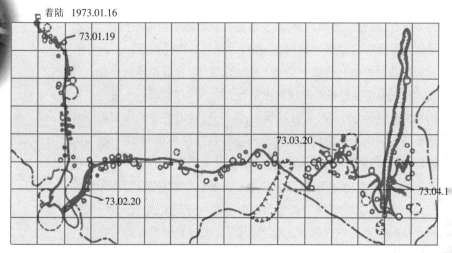

着陆 1973.01.16

73.01.19

73.03.20

73.02.20

73.04.1

图 4-10 "月球车 2 号"在月面行走轨迹图

自动取样返回探测器

苏联在 20 世纪 70 年代实现了探测器自动采样返回。"月球 16 号"、"月球 20 号"和"月球 24 号"分别实现了三次成功的取样返回,带回了约 300 克月球样品。

"月球 16 号" 1970 年 9 月 12 日发射,探测器在 9 月 20 日 8 时 12 分接近近月点,制动引擎启动 6 分钟之后,"月球 16 号"于月球黑暗中实现软着陆,着陆点位于月球南纬 $0°41'$,东经 $56°18'$。"月球 16 号"(图 4-11)着陆后不到 1 小时,即 9 时 03 分,自动钻孔机开始刺入月球表面提取月壤样品。7 分钟之后,钻孔机停止于距月表 35 厘米处。接着,仪器被收回,样品被小心封装于返回器内。任务结束后,"月球 16 号"耐心地停立在月球上,等待返回地球的指令。9 月 21 日 10 时 43 分,"月球 16 号"上升舱从月球起飞,开始回家的旅程。3 天后的 8 时 25 分,"月球 16 号"返回器降落于苏联杰兹卡兹甘东南 80 千米处。通过精确的自动手段,它采回了 101 克月球土壤。

"月球 16 号"发射重量约 5800 千克,高度大约 4 米,底部直径约 4 米。飞船分成两个主要舱段:下降段和上升舱。下降段负责飞往月球途中轨道校正,轨道入射,轨道机动,下降,月表软着陆,还有月球采样,以及为上升舱提供发射平台。上升舱设计为从月表起飞带回月壤样品,进行必要的飞行线路校正 (尽管实际上没有进行任何该种校正),再入地球大气层以及完整着陆,这样可以保证珍贵的样品得以安全回收(图 4–12)。

图 4–11 "月球 16 号"取样返回探测器

钻头和月壤样品被迅速运往一个特别接受实验室,在氦气环境下进行检验。略微大于 100 克的月壤样品成分如表所示,证明其成分与"阿波罗 11 号"和"阿波罗 12 号"宇航员所带回的样品类似。遭受美国月球计划所取得的瞩目成就所带来的痛苦过后,苏联对于世界上对其无人月球探测计划的称赞感到满足。不到两个月的时间后,苏联展示了其全新

图 4–12 苏联的自动取样返回探测器有两个主要舱段:上升舱(上图)和下降段(下图)

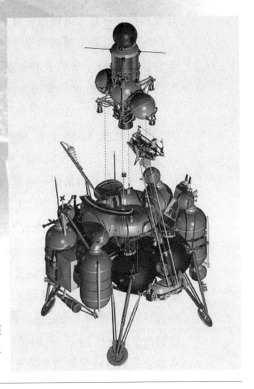

的技术力量以及其令人惊异的独创性。

　　"月球20号" 1972年2月14日成功发射,21日在月球上着陆。着陆点位于月球北纬3°32′,东经56°33′,距"月球18号"着陆点仅1.8千米,距"月球16号"着陆点120千米。

　　"月球20号"着陆时间是月球的白天而非"月球16号"的月夜。着陆后,苏联科学家马上开启飞船上电视摄像机,寻找最具希望的采样点。发现一个吸引人的开采点后,钻臂以及旋转钻孔机由装载位置解锁,钻头开始朝月面下降,这个过程大约持续了12分钟。钻孔机与"月球16号"的钻孔机类似。钻头转速500转/分钟,下钻100~150毫米时,钻头碰到坚硬的岩石。钻孔机继续穿入月面,但由于钻孔环境恶劣,超载保护线路为防止温度过热,导致钻孔机3次自动停机。钻孔结束后,样品被收回,置于"月球20号"返回舱顶部。月壤和月岩被置入返回舱密封。

　　"月球20号"返回舱于2月25日在暴风雪中着陆于位于杰兹卡兹甘以北40千米的卡尔金吉尔河小岛上。返回舱立即被发现并回收,运送到苏联回收实验室。

　　"月球24号" 1976年9月9日,"月球24号"被发射到远地点243千米,近地点188千米,倾角51.5°的轨道上。"月球24号"将完成"月球23号"未曾完成的任务。另外一个更具吸引力的目标在于从月球一个大的质量瘤——危海(Mare Crisium)采样返回。9月18日9时30分,"月球24号"主发动机点火,6分钟后安全抵达月表,着陆点位于北纬12°45′,东经62°12′,该点与不幸的"月球23号"相同,离"月球15号"坠毁地点不远。这次,钻孔机设备完好。在小心解锁、降下钻孔机头部后,苏联管理员启动旋转钻头。经历了看来不太难的一段过程后,钻孔机钻入月下2米,获得一段30厘米长的样品,送回返回舱内。最后返回舱通道被密封,"月球24号"开始等待返回指令。9月23日,返回舱与其有效载荷在8时55分降落,着陆点位于苏尔古特东南200千米处。

"阿波罗计划"梗概

从 20 世纪 60 年代至 70 年代初,美国组织并实施了"阿波罗计划"这一世界航天史上具有划时代意义的庞大工程。它的目标是实现载人登月飞行和人类对月球的实地考察。该工程开始于 1961 年 5 月,至 1972 年 12 月第 6 次登月成功结束,历时约 11 年。在"阿波罗计划"执行中,创造了大工程的先进管理方法——"系统工程",它带动了工程技术的发展和管理水平的提高。

"阿波罗计划"用"土星 5 号"运载火箭(图 4-13)发射飞船,共进行了 11 次飞行,其中 6 次载人登月, 共有 12 名宇航员到达月球,所拍摄的电影胶片总长度约为 12 千米,从月球上取回的岩石和月壤标本总重约 382 千克,登月宇航员还乘坐过 4 辆月球车在月面上巡视、探测和勘察,进行了多项重要的科学实验,为月质与月理、深空探测和天体起源演化等科学研究作出了巨大贡献。

图 4-13　"土星 5 号"运载火箭

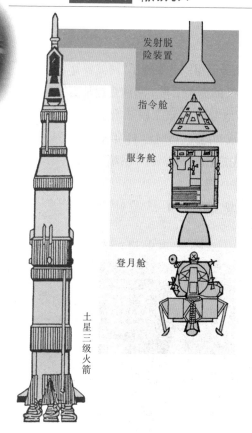

发射脱险装置

指令舱

服务舱

登月舱

土星三级火箭

图4-14 "阿波罗号"飞船安装在"土星5号"的第三级火箭上,组成的系统称为"土星—阿波罗号"

整个"阿波罗计划"还包含了登月飞行的四项辅助计划:①"徘徊者号"探测器拍摄月面;②"勘测者号"探测器,试验月球表面软着陆技术;③"月球轨道环行器"绕月飞行,预选登月点;④"双子座号"载人飞船,医学—生物学研究、机动飞行、对接和舱外活动。阿波罗载人登月计划则包括4个组成部分,即研制"土星号"运载火箭,进行飞行实验,研制阿波罗飞船以及实现载人登月飞行。

"土星—阿波罗号"

　　"阿波罗号"飞船使用"土星5号"运载火箭发射。这种火箭的最大直径13米,全长(高)111米,总共有三级,起飞质量2930吨,低轨道运载能力为127吨,逃逸轨道运载能力为488吨。"阿波罗号"飞船发射前安装在"土星5号"火箭的第三级上,它们组成的系统称为"土星—阿波罗号",如图4-14所示。

"阿波罗号"的飞行程序

　　"阿波罗计划"选用了在月球轨道上交会对接的飞行方案,其飞行过程大致如下(图4-15):

(1)"土星5号"火箭第一次点火将"阿波罗号"飞船送入地球停泊轨道;

(2)"土星5号"火箭第二次点火加速,将"阿波罗号"飞船送入地月转移轨道;

(3)"阿波罗号"飞船与第三级火箭分离,其指令舱—服务舱掉头并与登月舱对接,再从第三级火箭中拖出登月舱,重新转变方向,把登月舱顶在指令舱头上直奔月球;

(4)飞船沿过渡轨道飞行,经中途校正轨道后接近月球;

(5)飞船服务舱主发动机减速,使母船进入环月轨道;

(6)飞船的初始轨道近月点高94.4千米、远月点高316.6千米,调整到远月点高109.2千米、近月点高27.7千米;

(7)登月舱和母船(指令舱—服务舱)分离,飞船进入圆轨道;

(8)指令舱—服务舱在近月点高100.5千米、远月点高130.2千米轨道上运行;

(9)登月舱制动火箭点火并降落在月面;

(10)登月舱在月球着陆并完成任务后,上升舱起飞,其下降段留在月面;

(11)上升舱与母船(指令舱—服务舱)对接,登月宇航员回到指令舱;

(12)上升舱与母船再次分离,上升舱在绕月轨道上继续飞行;

(13)母船进入绕地球轨道;

(14)指令舱与服务舱分离;

(15)指令舱溅落在地球(海上)。

"阿波罗号"飞船

"阿波罗号"飞船由指令舱、服务舱和登月舱3个部分组成。在发射阶段,指令舱和服务舱是连接在一起的,如图4-16所示。

飞船在进入月球轨道后,指令舱和服务舱与第三级火箭的顶部

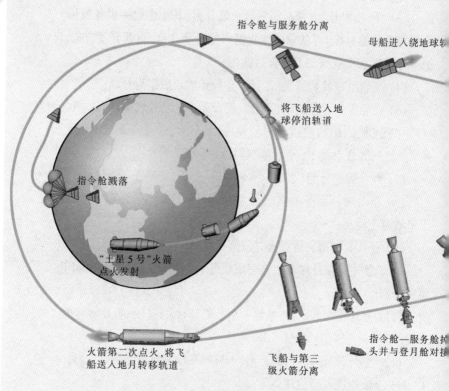

图 4-15 "阿波罗号"飞船飞行过程示意图

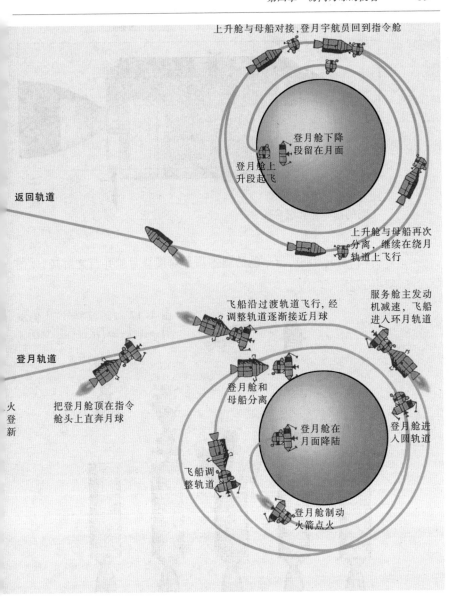

上升舱与母船对接,登月宇航员回到指令舱

登月舱下降段留在月面

登月舱上升段起飞

返回轨道

上升舱与母船再次分离,继续在绕月轨道上飞行

飞船沿过渡轨道飞行,经调整轨道逐渐接近月球

服务舱主发动机减速,飞船进入环月轨道

登月轨道

登月舱和母船分离

登月舱在月面降陆

登月舱进入圆轨道

火登新

把登月舱顶在指令舱头上直奔月球

飞船调整轨道

登月舱制动火箭点火

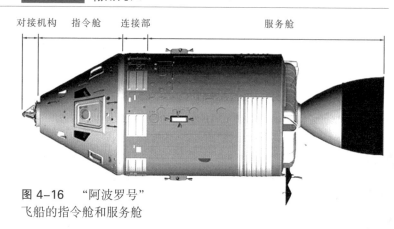

对接机构　　指令舱　　连接部　　　　　　　服务舱

图 4-16 "阿波罗号"
飞船的指令舱和服务舱

分离,旋转 180°,指令舱的圆锥顶部对准登月舱并与之对接,见图
4-17。

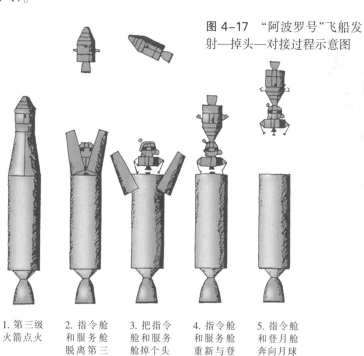

图 4-17 "阿波罗号"飞船发
射—掉头—对接过程示意图

1. 第三级
火箭点火

2. 指令舱
和服务舱
脱离第三
级火箭

3. 把指令
舱和服务
舱掉个头

4. 指令舱
和服务舱
重新与登
月舱接上

5. 指令舱
和登月舱
奔向月球

指令舱 指令舱是宇航员在飞行中生活和工作的座舱，也是全飞船的控制中心。指令舱为圆锥形，高 3.2 米，重约 6 吨，如图 4-18 所示。指令舱分前舱、宇航员舱(图 4-19 和图 4-20) 和后舱 3 部分。前舱内放置着陆部件、回收设备和姿态控制发动机等。宇航员舱为密封舱，存有供宇航员生活 14 天的必需品和救生设备。后舱内装有 10 台姿态控制发动机，各种仪器和贮箱，还有姿

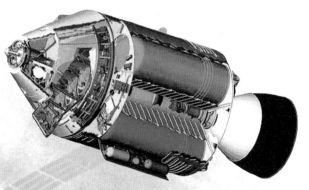

图 4-18 "阿波罗号"登月飞船的指令舱

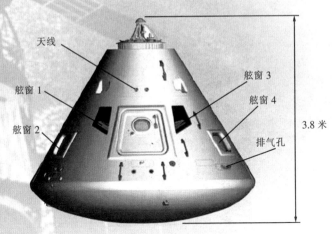

图 4-19 "阿波罗号"登月飞船宇航员舱外观

态控制、制导导航系统以及船载计算机和无线电分系统等。

飞船上载有三名宇航员：一名指令长，是飞船的指挥者，负责飞船的飞行控制操作并与登月舱驾驶员一起在月球着陆；一名指令舱驾驶员，他负责导航，始终留在指令舱执行任务；还有一名是登月舱

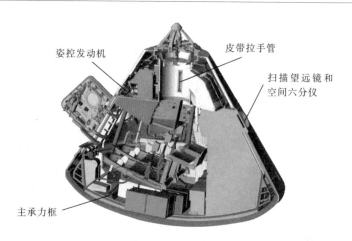

姿控发动机

皮带拉手管

扫描望远镜和
空间六分仪

主承力框

图 4-20 "阿波罗号"登月飞船宇航员舱内景

加强筋

前隔板

尾部隔板

服务舱

图 4-21 "阿波罗号"飞船的服务舱

驾驶员，负责驾驶登月舱以及其他分系统的管理。他们虽然都有各自的特殊任务，但是可以相互替代工作，并能单独操纵指令舱安全返回地球。

服务舱 服务舱前端与指令舱对接，它为宇航员提供电、氧气和其他生命保障功能，以及发动机所需的推进剂，后端有推进系统主发动机喷管。舱体为圆筒形,高 6.7 米,直径 4 米,重约 25 吨,如图 4-21 所示。服务舱中有一台主发动机,主发动机可以多次快速的启动和关闭,用于飞船的机动飞行,如轨道修正、进入月球轨道及返回地球的推进。姿态控制系统由 16 台火箭发动机组成,它们还用于飞船与第三级火箭分离、登月舱与指令舱对接、指令舱与服务舱分离等,这些小发动机在 1 秒钟内最快可以点火 40 次。整个登月飞行结束时,指令舱脱离服务舱,装有热屏蔽层的底座对着地球,进入大气层,打开减速伞,在海洋中完成着陆。

登月舱　登月舱的主要任务是:

(1) 从月球轨道上将两名宇航员送到月面;

(2) 支持月球上的探险活动和各项科学实验的安置;

(3) 运送宇航员和所采集的月球样品返回月球轨道上的母船(指令舱与服务舱)。

基于其任务要求,登月舱由下降级和上升舱组成,最大高度约 7 米,它的 4 只支脚延伸时的直径约 9.45 米,其外形如图 4-22 所示。整个登月舱由 4 根可收缩的悬臂式登月支柱(支脚)支撑,飞行期间这 4 根支柱都收起来。登月舱的地面起飞质量 14.7 吨 (含火箭燃料),干质量 4.1 吨。

登月舱的下降段由着陆发动机、4 条着陆腿和 4 个仪器舱组成;登月舱的上升舱为登月舱主体,由宇航员座舱、返回发动机、推进剂贮箱、仪器舱和控制系统组成,见图 4-22。宇航员座舱可容纳 2 名宇航员,但无座椅,有导航、控制、通信、生命保障和电源等设备。

登月时,2 名宇航员站在登月舱上升段内, 通过窗口观察外面的情况,操纵飞船在月球上着陆。为了安全着陆,下降段的发动机可令飞船减速,4 根支柱起到着落垫的作用, 使登月舱平稳的站立在月球表面。登月任务完成后,上升舱内的发动机启动,将上升舱送回月球轨道与指令舱—服务舱会合,而下降段则留在月球上。

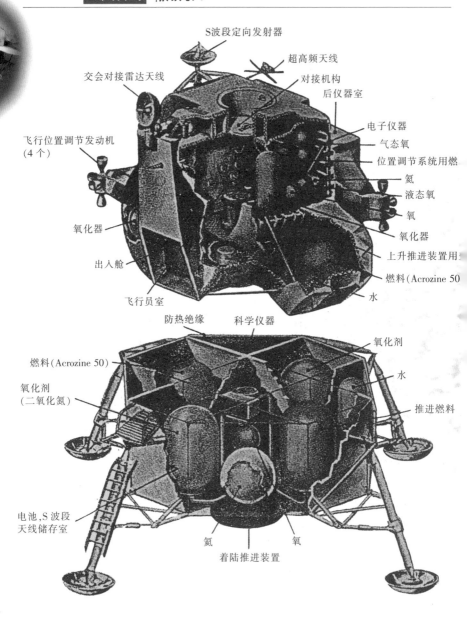

图 4-22　"阿波罗号"飞船的"鹰号"登月舱。上图是
着陆后从月面起飞的上升舱,下图是着陆平台

第五章 绕月探测

　　中国在应用卫星和载人航天领域取得一个个伟大成就的同时,不断进取的航天人又在悄悄构建一个新的里程碑——中国也要开展月球探测了!

　　事实上,中国的科学家和航天技术人员早在上世纪就已开始了月球探测的科学目标与工程实施途径的研究。2003年,经国务院批准,中国的月球探测一期工程——绕月探测工程正式立项,中国人终于要在这一代实现"嫦娥奔月"的千年梦想了!

月球探测工程系统

　　月球探测工程是一项极其复杂的系统工程。它需要多个航天工程大系统相互配合,完成各自的任务,最终才能顺利实施探测任务。月球探测工程一般由五大系统组成:月球探测器系统、运载火箭系统、地面测控通信系统、发射场系统和地面应用系统。对于采样返回任务,还需增加着陆回收系统。

月球探测器系统

　　月球探测器系统是完成最终科学探测任务的载体。它携带各种科学仪器飞到月球附近或在月面着陆,为科学仪器提供必要的姿态保证、安装位置、视野、能源、温度环境、数据管理等条件,并把探测数据传送回地球,或把在月面采集的月球样品携带回地球。

　　月球探测器系统可由多个探测器组成,分别完成不同的探测任务。在人类已实现的无人月球探测中,有绕月探测器、着陆探测器、

月面巡视探测器、月面采样返回探测器等,对于不同的探测用途,探测器的构型及分系统设计也各不相同。载人月球探测的探测器相对比较复杂,为保证宇航员的安全,一般包括轨道舱、指令舱、着陆舱等几个组成部分,以确保宇航员安全地完成探测任务。

运载火箭系统

运载火箭系统是把探测器送离地球表面的工具。负责把探测器从地球表面发射到一定的轨道高度,提供大于第一宇宙速度的速度增量,使探测器绕地球飞行或飞向月球和更远的太空。

目前人类用于发射月球探测的运载火箭有很多种,包括美国的宇宙神系列运载火箭,苏联的联盟系列等,其中最著名的美国"阿波罗计划"的运载火箭"土星5号",是世界上至今为止运载能力最大的火箭。为实现探测器脱离地球轨道飞向月球,相对发射地球轨道航天器需要更大的推力,因此对运载火箭提出了更高要求。

地面测控通信系统

地面测控通信系统是探测器和地球之间的信息桥梁。负责完成运载火箭及探测器的跟踪、遥测、遥控和数据传输等任务。包括探测器的飞行轨道测量与预报、探测器上各种设备的状态参量遥测,和通过地面发送指令对探测器进行任务操作等。同时,地面测控通信系统还可完成探测器探测数据的接收等任务。通过地面测控通信系统,科技工作者了解探测器的飞行轨道、飞行状态,检测探测器的健康情况,对它发出各种控制指令以完成预定的任务。同时,探测器探测到的科学数据,经地面测控通信系统传输到地球,包括图片、影像、探测数据等,供科学家进一步分析研究。

由于月球与地球的距离(约38万千米)远大于一般人造地球卫星与地球的距离(最大约3.6万千米),无线电信号在空间传输的衰减增强,必须加大信号的发射功率。因此,对地面测控通信系统的要求远高于地球轨道航天器的测控通信系统。为实现月球探测,国外普遍建立了大规模的地面天线站,配备口径为 34 米、64 米、70 米等大型天线,如美国的深空网、苏联的深空站、欧洲空间局的地面测控站等。

发射场系统

发射场系统是最终完成探测器和运载火箭总装测试及发射的场所。发射场的位置、射向对发射轨道的倾角、近地点幅角等参数有一定制约。一般来说,发射场越接近赤道越省能量。

地面应用系统

地面应用系统负责完成探测数据的接收、解译、探测器任务规划、探测数据的科学研究等,是科学家进一步把探测器探测到的信息应用研究的系统。只有通过地面应用系统的研究,才能真正把探测数据转化为科学发现,推动空间科学的发展。

着陆回收系统

对于从月球表面进行月球样品取样返回的探测任务,还需要着陆回收系统,完成返回舱的回收任务。取样返回舱在月面取样后,封存好月球样品,从月面起飞,按照设计的轨道飞回地球,以很高的速度进入地球大气层,经过大气的减速作用和降落伞等减速,降落在地球表面。由于受大气扰动、控制精度等影响,返回舱的落点会与预先计划的落点有一定偏差。因此,需要着陆回收系统,根据返回舱发出的无线电信号进行搜索,并尽快把返回舱中的样品取出,运送到实验室,以供进一步的科学研究。

月球探测器的环境特点与类型

月球探测器的环境特点

相对一般地球轨道卫星和载人飞船等航天器,月球的特殊位置和环境等条件使月球探测器具有自己的特点:

(1)轨道设计 月球具有自己的引力场,探测器在从地球飞往月球的过程中会经历从地球引力为主到以月球引力为主的转变过程。航天器的飞行轨道是由其所受到的引力作用决定的。对于飞行在环绕地球轨道的航天器,只需考虑地球与航天器的引力作用即可,采用二体模型;而对于月球探测器,其大部分飞行时间中是受到地球和月球两个引力场的作用,是三体问题。因此,在进行其飞行轨道设计时不能完全采用地球轨道航天器所使用的二体模型。

(2)重力场影响 月球表面的重力加速度为地球的1/6,同时其重力场分布不均匀,存在一些质量聚集的"质量瘤"。在这些质量密集的地方,重力场增强(图5-1),重力加速度加大,因此环绕月球

图5-1 月球的重力分布图。红色为重力加速度最大区域,黄色、绿色、蓝色、紫色区域的重力加速度依次递降

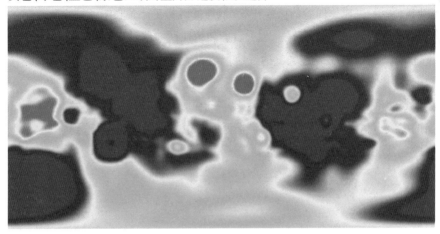

运行的探测器的轨道会在引力场的作用下发生变化。为了保证探测任务的实现,需要对探测器的运行轨道进行控制,由于引力特性的不同,因此轨道控制与地球航天器也有较大不同;同时,月球引力加速度与地球不同,也造成在月面着陆的冲击作用力与地球不同,着陆缓冲的设计思路与在地球着陆也不尽相同。

(3) 月球没有稳定的红外辐射　航天器在太空飞行,必须选定一定天体作为参照物,来确定航天器在空间的方向。对于地球轨道航天器,地球是最好的参照物。一般通过观测地球大气层的红外辐射可以很好地确定航天器相对地球的姿态。而月球没有可供参考的稳定红外辐射,飞到月球附近的探测器又远离地球,无法再以地球为参照物,因此确定探测器相对月球的姿态是新的问题。

(4) 月球没有大气层　地球航天器在返回地球表面时,利用与大气层的摩擦作用,迅速降低航天器的飞行速度,保证在着陆撞击地面时不会破损。而月球没有大气层,因此无法利用气动减速的方法在月面着陆。需依靠探测器自身的发动机,提供与速度方向相反的推力,来降低其相对月球的速度,保证最终的安全着陆速度。因此,对地球返回器来说非常重要的、决定与大气作用力大小和方向的气动外形对月球表面着陆探测器并不重要,不需考虑着陆过程中的大气对着陆落点的影响。

(5) 月表覆盖着月壤　主要由尘埃和岩石碎屑组成、平均厚度5~10米,平均密度1500~2500 千克/米³;这样的条件可保证探测器不陷落,但较松软;月球表面地形复杂,遍布月海、月陆和环形坑等。探测器需具备一定的落点调整能力,以选择适合的着陆位置,保证着陆后不倾倒,并可以获得足够的探测视野空间。

(6) 月球自转与公转周期　两者均为约27天,即月球的一个昼夜也是约27个地球日。这意味着在月面的一个地区,总是经历14天的白天后进入约14天暗无天日的黑夜。这对于主要靠太阳能发电供仪器使用的航天器来说是非常困难的。由于没有大气层的保

温和对流作用,因此月球表面随光照条件的变化,温差变化非常大。昼夜温度变化从约130℃到约-180℃。即使在临近的地点,由于受照或者处于阴影中,温度也会有很大差别。探测器的能源和温控系统需在这样恶劣的情况下保证探测器的正常工作,与地球航天器有很大的不同。

(7) 地月距离38万千米,月球在自转的同时围绕地球公转

为把探测器在月表探测获得数据传输回地球,必须首先保证探测器能"看见"地面上的天线。地球也在不停自转,因此地球上的一个地面站在一天内最多只能有约11小时看到月面上的探测器。其次,无线电信号经过38万千米的传播会有很大衰减,以至于很难被地面站接收到。为保证把更多更好质量的信息传输到地球,必须提高探测器及地面的通信能力。

从上面的月球探测器的特点分析可以看出,月球探测器相对地球轨道航天器有更多的技术难点,更高的技术难度。因此,是人类航天高技术发展的新台阶。

月球探测器的类型

纵观人类40多年的月球探测史可以看出,随着人类对月球的认识深度和技术水平的发展,探月基本上采取如下步骤:(1)探测器从月球近旁飞越(从距月球几千千米到几百千米,可摄像时间很短),对月球表面摄像,同时利用仪器测量月球的重力场、磁场和周围辐射环境;(2)发射探测器直接撞击月球表面以测试月表的硬度和承受能力,并在坠落过程中对月近距离摄像;(3) 探测器在月表软着陆,测量月表的硬度,并测量月表地形地貌、月震、月壤化学组成等;(4)发射绕月飞行的卫星,在几百千米的高度上,在较长的时间里,对大部分月面进行摄像和环境探测;(5)在月表实现巡视勘察,获取更大区域月面的研究成果;(6)采集月球岩石和土壤样品返回地球,在实验室进行精细研究,为分析月球的组成成分提供更充分的

依据。

上述 6 种探测方式中,硬着陆的方式现在已很少使用,人类在基本研究清楚了月球的表面特性后不必再采取这样的方式。针对其他 5 种方式,月球探测器可分为绕月探测器、月球软着陆器、巡视探测器、月球采样返回器 4 大类。本章主要介绍绕月探测器。

绕月探测的飞行程序

探测器从发射到环绕地球运行的轨道,到进入地月转移轨道,再实施着陆、探测,然后从月面起飞,并返回地球,要经历复杂的飞行过程。飞行程序的设计是整个任务实施成功的重要保证。在设计飞行程序时,要考虑运载火箭的发射能力、探测器自身定位要求、科学探测仪器需要、太阳光照的条件、测控通信条件等多种因素,确定最终的方案。

发射轨道

为使探测器奔向月球,一般探测器要具备至少 10.9 千米/秒的飞行速度。充分发挥运载火箭的能力,使探测器达到较高的速度奔向月球,将有利于节省探测器所需的动力。

一般来讲,运载火箭发射月球探测器可分为两种方式:(1)直接发射到地月转移轨道。这种方式是由运载火箭直接把探测器发射到近地点约 200 千米,远地点约 380 000 千米的大椭圆轨道,然后探测器只需进行少量的轨道中途修正后就可以飞到月球。这种方式要求运载火箭能提供较大的速度增量和较高的入轨精度,保证在需要的时刻使探测器达到需要的位置和速度。(2)发射到环绕地球的地球转移轨道,其后探测器利用自身的推进系统加速后实现奔月飞行。这样的方式需运载火箭提供的速度小于第一种方式,对入轨精度等要求也低于第一种方式,因为此后探测器还有机会在环绕地球的轨道上进行轨道调整。但这种方式需要探测器自身携带较多的推进剂以实现从环地球轨道到奔月轨道的加速。

这两种发射方式在以往的月球探测中被广泛使用。随着运载火箭技术的发展,第一种方式将更多地被采用。

地月转移轨道

从地球到月球的轨道被称为地月转移轨道。这一段漫长的路程直线距离有约 38 万千米,而探测器是不可能沿直线飞向月球的,而是沿椭圆轨道飞行,因此飞行的路程更加漫长。以目前人类所能实现方式,取决于进入地月转移轨道的速度和轨道的选择,地月转移的时间最短只需 2~3 天,最长可达几个月。

地月转移轨道的选择与运载发射轨道、探测器推进系统的能力以及任务的需要等有密切的关系。

直接地月转移轨道　目前,绝大部分的月球探测器都是沿直接转移轨道到达月球的,即由运载火箭提供奔月速度后探测器直接奔向月球。事实上,由于受地球和月球引力场的联合作用,探测器由地球飞向月球的轨迹并不是一条平面曲线,而是沿着一条空间曲线逐渐逼近月球的。直接地月转移轨道可在较短的时间内到达月球,但在接近月球后需要较大的制动速度,才能使探测器环绕月球运行,而不至于与月球"擦肩而过"。

小推力缓慢转移轨道　2004 年,欧洲空间局的"智慧 1 号"月球探测卫星试验了小推力缓慢转移的轨道到达月球。这颗卫星依靠电推力发动机产生几十毫牛的推力,一圈一圈缓慢爬升,逐渐接近月球后,再缓慢降轨,最终实现环月飞行。图 5-2 为"智慧 1 号"复杂的奔月历程。"智慧 1 号"的这种奔月方式共耗时 9 个月。这对月球探测来说是效率不高的,它更多的目的是进行技术试验。

经过地月 L_1 点的转移轨道　从理论上讲,在每个由两大天体构成的系统中,都存在 5 个引力平衡点,即拉格朗日点。但其中只有两个是稳定平衡点,小物体在该点处即使受外界引力的摄动,仍然有

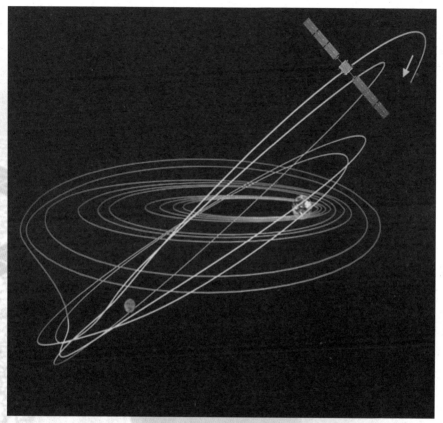

图 5-2   "智慧 1 号"奔月的旅程极其复杂,途中花费了 9 个月的时间

保持在原来位置上的倾向。这两个稳定点各与两大天体所在的点构成一个等边三角形。

　　在地球和月球所构成的引力场内,存在着 5 个平衡点——拉格朗日点(图 5-3)。在这 5 个点上,物体可以相对于地月系统保持静止。人类正在设想利用这样的特殊平衡点来实现更有价值的探测。比如把探测器先发射到拉格朗日点 L_1,然后探测器只需很小的一点速度就可以到达它想去的地方。这样的轨道方案正在科学家的设计之中。

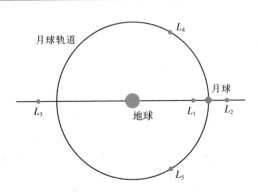

图 5-3 地月系统的 5 个拉格朗日点

绕月轨道

月球探测器环绕月球运行的轨道主要取决于探测任务的需要。为实现高精度和全月面覆盖的高精度遥感，一般采用轨道倾角为 90°左右的低高度轨道(轨道高度 100~200 千米)。如重点针对某些区域做勘察，则可选择近月点 50 千米左右，远月点略高的椭圆轨道;如为实现重力场测量、空间环境测量等其他探测,则可选择其他的绕月轨道。如要实现月球软着陆,则需要根据着陆区的选择来选择绕月轨道。

飞行过程示例

"克莱门汀号"月球探测器 1994 年 1 月 25 日,美国发射了"克莱门汀号"月球探测器。经地球转移轨道—地月转移轨道—月球捕获轨道后,于 1994 年 2 月 19 日进入月球工作轨道。"克莱门汀号"采用发射到地球转移轨道,经两次地球轨道加速后进入奔月轨道的方案,其飞行过程示意图如图 5-4 所示。

"嫦娥一号" 中国正在研制的"嫦娥一号"月球探测卫星将于 2007 年下半年发射。其飞行程序大致分为 4 个阶段:①超地球转移轨道和中间轨道阶段。从星箭分离起,至第三次近地点变轨结束止。

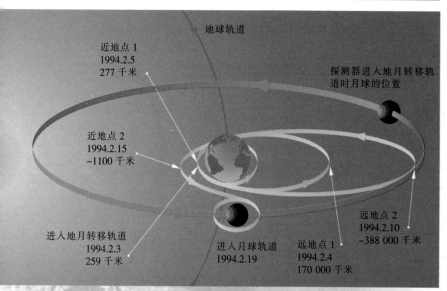

图5-4 "克莱门汀号"飞行过程示意图

②地月转移阶段。从第三次近地点变轨关机起，到卫星临近近月点。
③环月轨道捕获阶段。第一次制动点火至进入环月工作轨道。④环月轨道阶段。进行探测活动并回传数据。

　　图5-5给出"嫦娥一号"月球探测卫星飞行程序简况。可以看出，卫星在和运载火箭分离后，将先在围绕地球的轨道上运行3~4圈，逐步加速，最后达到地月转移轨道的入口速度，卫星沿大椭圆轨道飞向月球。在地月转移轨道，为保证卫星正确进入月球附近预定的位置，需进行2~3次轨道中途修正。在月球附近，为实现卫星环绕月球运动，需对卫星进行减速。通过三次近月点制动，逐步降低轨道的近月点，最终实现距月面200千米的工作轨道，开始进行科学探测活动。从发射到进入最终工作轨道需9~10天的时间。

　　"月神号"　2007年9月14日，日本发射了一个名叫"月神号"的月球探测器。它包括一颗主卫星和两颗微小卫星，相互配合完成探测及技术试验任务。其飞行过程如图5-6所示。"月神号"探测器

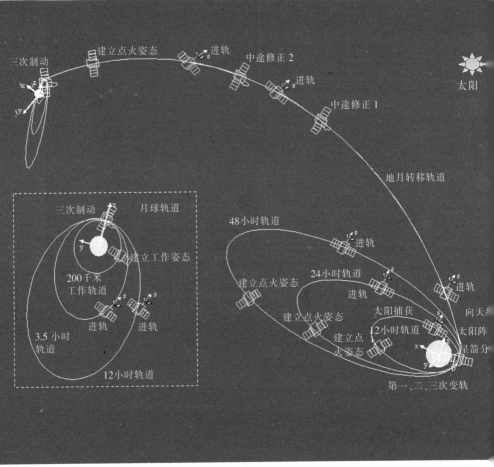

图 5-5 "嫦娥一号"卫星飞行程序示意图

　　选择运载火箭直接发射到奔月轨道的方式,经两次中途修正后到达月球附近,在近月点附近经 4 次制动后进入环月圆轨道,在此之前,在两个椭圆轨道上分别释放两颗小卫星。

　　"月船 1 号" 印度的"月船 1 号"探测器的飞行过程见图 5-7。它的发射轨道选择为地球转移轨道,经两次加速后进入地月转移轨道,在月球附近经几次制动后进入工作轨道。

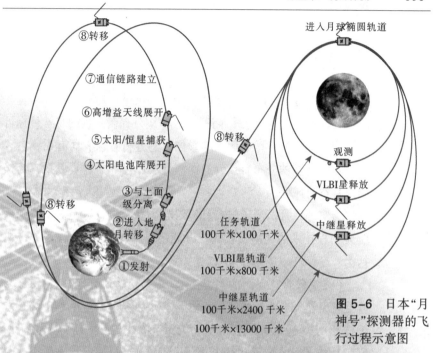

⑧转移

进入月球椭圆轨道

⑦通信链路建立

⑥高增益天线展开

⑤太阳/恒星捕获

④太阳电池阵展开

⑧转移

③与上面级分离

②进入地月转移

①发射

⑧转移

观测

VLBI星释放

中继星释放

任务轨道
100千米×100千米

VLBI星轨道
100千米×800千米

中继星轨道
100千米×2400千米

100千米×13000千米

图 5-6 日本"月神号"探测器的飞行过程示意图

图 5-7 印度"月船 1 号"探测器的飞行过程示意图

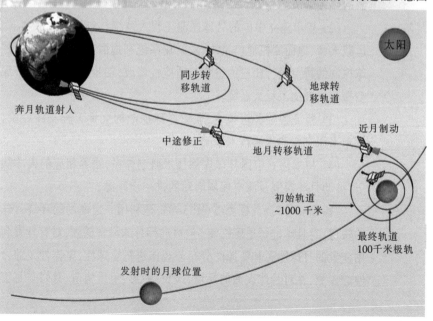

太阳

奔月轨道射入

同步转移轨道

地球转移轨道

中途修正

近月制动

地月转移轨道

初始轨道
~1000千米

最终轨道
100千米极轨

发射时的月球位置

绕月探测器

"嫦娥一号"月球探测器

目标 经过科学家多年论证,中国绕月探测工程的科学目标可概括为:(1)获取月球表面三维影像,(2)分析月球表面有用元素含量和物质类型的分布特点,(3)探测月壤厚度和氦3资源量,(4)探测地月空间环境。

为实现绕月探测,需攻克诸多技术上的难点,这是对发展中国航天工程技术的又一次挑战。开展绕月探测,主要工程目标可概括为:

(1) 突破月球探测的关键技术。主要包括研究地月飞行技术,验证航天器飞出地球并进入其他天体引力场的轨道设计与GNC系统技术;实施远距离测控和通信,为深空测控与通信打下技术基础;研究月球飞行的热环境条件,验证航天器的热设计,探索深空探测器的热控解决途径等。

(2) 初步建立中国的月球探测工程大系统。包括月球探测器、运载火箭、地面测控通信系统、发射场系统和地面应用系统,根据月球探测的特点进行相应的整合与适应性修改,初步建立适应未来深空探测发展的工程大系统。

(3) 验证各项关键技术,获取月球探测的宝贵工程实践经验,为未来深空探测积累技术基础。

(4) 初步建立中国月球探测技术研制体系,培养相应的人才队伍,推动月球探测及深空探测活动的进一步开展。

"嫦娥一号"绕月探测器(图5-8),是利用一定高度的环绕月球的轨道,对月球进行遥感探测。包括进行月球科学探测,对有开发利用前景的月球能源和资源的分布与规律进行全球性、整体性及综合性的探测,并对月球表面的环境、地貌、地形、地质构造、月岩与月壤的成分和结构以及物理场进行探测。

组成 一般包括科学探测仪器分系统、结构与机构分系统、制导导航与控制分系统、电源分系统、热控分系统、测控和数据传输分系统、数据管理分系统、推进分系统等。通过这些分系统的协同工作,才能保证整个探测任务的完成。

科学探测仪器分系统是实现科学探测的工具。包括各种光学、微波等探测仪器。

结构与机构分系统为探测器的所有其他分系统提供机械支撑,为各分系统的仪器设备提供安装的位置和方位及工作空间。一般包括主承力结构、辅支撑结构、展开锁定机构等。

制导导航与控制分系统的主要任务是保证探测器整个飞行期间在空间稳定,并保证一定的姿态。一般由敏感器、测量部件、控制计算机和执行机构等组成。

电源分系统是探测器所有仪器工作的能源供给。一般航天器的主要能源来自太阳能,同时借助蓄电池装置把电能储存起来。通过电源分系统,把电能统一调配后输送到各仪器设备。电源分系统一

图 5-8 "嫦娥一号"绕月探测器构型示意图

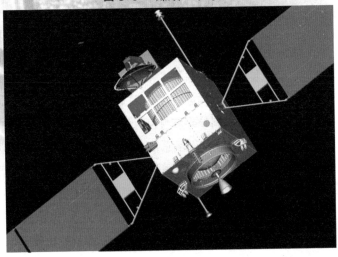

般由太阳电池翼、蓄电池和功率调节器等组成。

热控分系统是整个探测器的温度调节系统。任何仪器设备的工作都需要一定的温度环境,太冷太热都会使其失去功能。探测器在空间飞行时,处在真空环境,在太空冷背景(温度4K)下,不同的太阳光照射条件,不同的仪器工作方式,使探测器内部温度随之变化。对于受照严重的部分,需把热量导出以避免仪器被烧坏;对温度过低的部分,需进行加热保温,防止被冻坏。这些是热控系统必须完成的任务。热控分系统一般由传感器、热控部件等组成。

测控和数据传输分系统的主要功能是完成探测器的跟踪、测轨、遥测、遥控和数据传输任务,使地面站能知道探测器的飞行轨道、飞行和工作状态、对其进行控制、向地面传输探测数据等。主要包括接收/发射机、放大器和天线网络等。

数据管理分系统将探测器的测控、数据传输、数据处理、探测器电源与热控状态管理等任务综合在一个以计算机系统为主的系统中,用以实现各项功能的综合管理与调度。

推进分系统是探测器的动力系统。它根据制导导航与控制分系统的指令,开关各类发动机,实现探测器的轨道和姿态机动。一般包括发动机、燃料储箱和管路等。

总体构型 "嫦娥一号"月球探测卫星将是中国发射的第一个月球探测器。它将以"东方红三号"卫星平台为基础,充分继承各类卫星的现有成熟技术和产品,并进行适应性改造。由于月球以及月球科学探测任务的特点,月球卫星相比于一般的人造地球卫星在轨道、测控、制导导航与控制分系统、热控分系统等方面都有自己的独特之处。预计卫星总重2350千克,本体尺寸2000毫米×1720毫米×2200毫米,采用三轴稳定姿态控制,对月定向工作,在轨运行寿命大于1年。"嫦娥一号"卫星将携带CCD立体相机、成像光谱仪、激光高度计、γ/X射线谱仪、微波探测仪、太阳高能粒子探测器、低能离子探测器7类仪器完成科学探测目标任务。

图 5-9　日本的"月神号"探测器艺术形象图

"月神号"绕月探测器

　　日本于 2007 年 9 月 14 日发射的"月神号"绕月探测器(图 5-9),以研究月球起源、获取月表潜在资源信息为科学目标,以验证月球轨道的导航控制、数据中继等技术为技术目标,实现探测任务。"月神号"探测器由三个部分组成:主探测器和两个小卫星。主探测器用于完成对月球的科学探测任务,两颗小卫星分别用于甚长基线干涉测量和数据中继的技术验证。

　　"月神号"探测器发射总重 2985 千克,其中主探测器干重 1700 千克,两颗小卫星各 50 千克,主探测器携带有 300 千克的科学探测仪器,包括立体相机、磁强计、伽马射线谱仪等。主探测器将在距月面 100 千米高的极月圆轨道上运行 1 年。

"月船 1 号"月球探测器

　　"月船 1 号"是印度自己研制的第一个月球探测器,计划 2008 年发射,主要将进行月面三维成像,矿物与元素的分布光谱探测等

图 5-10 印度的"月船 1 号"
月球探测器形象图

科学探测(图 5-10)。工作轨道为高度
100 千米的极月圆轨道，计划工作时
间 2 年。发射质量为 1050 千克，干重
525 千克，携带有 55 千克科学仪器，
包括立体相机、激光高度计、高能粒
子探测仪等。

中国开展绕月探测的技术难点

月球是地球的天然卫星。月球围
绕地球沿近圆轨道运行，它绕地球公转的周期和其自转周期相同，
均为 27.3 天，平均月地距离约为 38 万千米。月球平均半径为 1738
千米，面积与亚洲面积差不多，质量约为地球的 1/81，密度为地球的
3/5。月球是一个毫无生机的世界，表面几乎没有大气和磁场，其表
面昼夜温度可从约 130℃变化到约-180℃。月球本身不发光，我们看
到的月光是它所反射的太阳光。月球表面的重力加速度只有地球表
面的 1/6。

中国目前实施的航天活动，全部是在地球引力场作用下的环绕
地球运动的航天器，实现对地遥感、通信、数据传输、载人飞行等任
务。目前中国航天器所到达的距地球最远距离约 4 万千米。通过几
十年的航天实践，对地球轨道航天器的规律及地球空间环境有了较
充分的了解和研究。而要实现月球探测，则必须使航天器飞出地球
引力场，进入到 38 万千米远的空间。由于月球以及月球与地球、太
阳的相对关系具有其固有的特点，因此，月球探测卫星与一般的地
球卫星有很大的不同。研制月球探测卫星的主要技术难点和关键主
要表现在以下几方面。

轨道设计

轨道设计与控制是实现月球探测卫星绕月飞行的基本保证。必

须正确认识月球卫星轨道设计的客观规律,寻找合理的工程实施途径。

(1) 为实现卫星绕月飞行,卫星必须脱离地球引力场,进入月球引力场。卫星脱离地球引力飞向月球的过程是沿着一条精心设计的地月转移轨道飞行的, 这条轨道设计的理论基础是三体问题,不同于以往地球卫星的二体问题。

(2) 月球的自转周期与绕地球公转的周期相同,月球卫星相邻两条轨道的轨迹间距很小,这对遥感的覆盖十分有利,只要遥感器的覆盖宽度合适,经过 28 天后就可以对全月面实现覆盖。

(3) 月球的赤道面与太阳视运动的黄道面基本重合,因此倾角为 90°的极月轨道的轨道面与黄道面基本垂直。由于卫星轨道面在惯性空间基本没有摄动,阳光对轨道面的照射方向在一年内将变化 360°,这对电源和热控的设计都将产生不利的影响。

(4) 由于月球引力场的异常复杂性,使月球卫星的轨道极不稳定,具体的表现是近月点的高度会有较大的变化,轨道越低这种变化越显著,甚至会坠入月面,轨道高度保持的任务十分艰巨,这也是目前国际上在寻找和研究冻结轨道的动因。

由于上述特点,月球探测卫星的轨道设计需解决下列一些关键问题:

(1) 地月转移轨道的分析求解 地月转移轨道是整个轨道的关键部分,分析求解地月转移轨道,不仅在设计标称轨道而且在实时轨道修正时也是必须的。在整个飞行过程上需要多次根据变化了的月球位置重新找出一条新的地月转移轨道。

(2) 中途修正的数学模型、方法和软件 这必须是工程实用的,因为很大部分的工作是在卫星上完成的。

(3) 利用调相轨道扩大发射窗口 包括增加可发射的日期和在发射当日发射窗口的扩大。

(4) 月球卫星轨道的长期性状研究

(5)月球卫星轨道捕获、调整以及长期运行中轨道调整的控制策略和具体方法

(6)基于对科学目标和具体要求的深入了解,对月球卫星轨道进行优化设计

(7)有限推力与脉冲推力之间的偏差分析,研究优化的轨道调整策略

(8)用于实时跟踪测轨的精确数学模型和软件 用于地球同步高度以下的地球卫星的跟踪测轨软件我国是成熟的,但是超过这个高度,特别是地月转移轨道段的飞行器的跟踪测轨模型和软件我国还需重新研制。

(9)月球卫星的跟踪测轨方法、模型和软件也需重新研制

(10)月球卫星测轨预报的精度分析 主要是月球引力场模型误差的影响。

测控和数据传输

月球探测卫星的测控和数据传输分系统要完成卫星的遥测、遥控、测距、测速和测角以及探测数据的传输等任务,以保证地面可以监视星上设备的工作状态,测量卫星的飞行轨道,对卫星发出指令,操控卫星实现预定的任务目标,

图 5-11 月球探测卫星在对月遥测的同时,把数据发送回地球

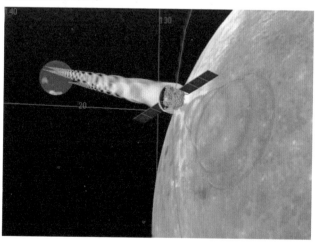

并把科学探测获得的数据发送回地面，用于进一步的解译和分析（图 5-11）。

　　地球与月球间距离达 38 万多千米，是以往地球卫星的 10 倍以上，测控信号的空间衰减明显增大。同时为实现卫星绕月飞行，需经历复杂的轨道转移过程，这个过程中的测控任务对星上和地面测控系统提出了更高要求。因此需研究中国现有的测控体系的适应性以及与天文测量系统联合使用的可行性，提高信号增益和信噪比，并保证一定的测控精度和数据传输量要求。

　　在中国现有的地面测控网和应用地面站的支持下，测控和数据传输分系统可以完成主动段、停泊轨道段、地月转移轨道段和环月轨道段 4 个过程的测控任务，以及环月轨道段的科学数据传输任务。为满足天线对地通信指向和数据率的需要，要求卫星采用高增益两自由度定向天线(图 5-12)，定向天线的机构和控制技术是测控和数据传输分系统的关键技术。

制导、导航与控制

　　月球探测卫星从环绕地球飞行到准确进入环绕月球的飞行轨道，需经历多次复杂的轨道和姿态机动，信息传输时延大，要求控制精度高、实时性强。在环月运行期间还要保证卫星以一定的姿态飞行。因此，对月球探测卫星的制导、导航与控制分系统的功能、性能和可靠性

图 5-12　月球卫星上使用的可双轴转动的定向天线

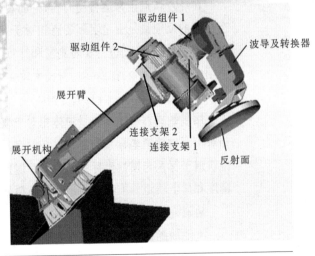

提出了很高的要求。

卫星在绕月飞行期间，要求天线对地定向以传递探测信息,光学有效载荷对月定向进行探测，太阳阵对太阳定向以保证能源供应。这是一个复杂的三体定向问题,对敏感器和机构及其控制都提出了更高要求。

月球周围没有稳定的二氧化碳圈,因此无法用传统的红外敏感器来实现对月球的姿态确定。需采用其他手段,如星敏感器加陀螺再加上轨道外推的方法,或研制新型的月球紫外敏感器。

因此,GNC 系统需解决的主要关键技术为 GNC 系统的设计和对月定向姿态确定。

(1) 月球探测卫星 GNC 系统设计

月球探测卫星的制导、导航与控制是中国航天控制的新领域。除上面两项关键技术外,还有如下的新问题需要着重研究和精心设计:①近地点变轨技术;②奔月转移段的轨道和姿态控制;③近月点捕获制动技术;④两自由度天线指向控制技术。在现有成熟技术和预研成果的基础上,这些问题都是可以解决的。

(2) 对月姿态确定

在环月轨道正常运行期间,对月面观测要求卫星对月定向。姿态控制的反馈量是卫星实际姿态相对于轨道参考系的姿态误差角。对于姿态误差,必须进行实时测量和计算。确定对月定向姿态可能采用的方案有两个,都需要进行技术攻关。

① 星敏感器+陀螺+轨道外推

用星敏感器和陀螺测量星体相对于惯性空间的姿态。为了获得相对于当地轨道坐标系的姿态, 必须在星上进行实时轨道外推,获得轨道坐标系与惯性坐标系的关系。因此,地面测控系统轨道测定精度和星上轨道外推都需要达到较高精度。

轨道外推误差包括:

●地面测控系统的定轨误差在星上轨道外推时的误差传播。

●轨道外推动力学模型的误差。美国"克莱门汀号"卫星要求轨道确定的 18 小时位置预报精度为 36 千米,使用 16×16 阶月球重力场模型。月球勘探者使用改进的 75×75 阶模型后 24 小时位置预报精度 280 米,据分析其残余误差仍然主要由模型误差引起。对于较粗糙的模型,位置误差在千米量级。

●星上计算机的外推模型近似的误差。即使掌握了足够精确的模型,阶数很高的模型仍难以在星上计算机中实现,限制了星上实时位置预报精度。

② 紫外敏感器+陀螺

由于月球没有像地球一样的红外辐射,普通卫星用的红外地球敏感器无法用于月球卫星的姿态测量,而紫外敏感器则可以直接测量卫星的对月姿态。

紫外三轴姿态敏感器是一种工作在紫外光频段、使用 CCD 器件的成像敏感器。它可以敏感来自太阳、地球、月球和恒星的紫外光辐射,通过对其 CCD 图像进行处理从而获得各种天体中心及边缘方向的信息。它可以集太阳敏感器、地球或月球敏感器、星敏感器等姿态测量功能于一身,用一个敏感器就可以完成三轴姿态的确定。

利用紫外敏感器在紫外频段中观测月球的某些特征来定出月心方向,从而直接得到卫星对月心的滚动、俯仰信息,并通过同时观测月球附近的恒星来确定卫星的偏航姿态。

热控技术

月球探测卫星在地月转移轨道及环月轨道运行期间,要经历复杂的热环境。保证星上所有设备在正常的工作温度范围是热控分系统必须完成的任务。

由于月球没有大气层,因此月表昼夜温度可从约 130℃变化到约-180℃,其反照、红外辐射随时间变化较大。同时卫星在绕月运行期间,与太阳的相对位置呈 0°~360°变化,因此热控的外部环境更加

复杂多变,给星上热控分系统的设计增加了很多难度。热控分系统需要分析研究整个飞行过程中的外热流环境,采用被动为主、主动为辅的方式,充分利用现有成熟技术设备,适当采用百叶窗、相变材料等先进技术。

绕月探测是开展月球全面探测的重要手段,也是后续开展着陆等探测的必经之路。中国绕月探测工程的顺利实施,必将获得大量科学探测与技术验证成果,实现中国深空探测领域零的突破,为后续工程的实施奠定坚实的基础。

第六章 月球着陆与巡视探测

软着陆和自动巡视

月球软着陆探测和月面自动巡视勘察是绕月探测的深入和发展。这种亲临其境的探测方式,在深度和精度上比卫星的遥感探测强得多,而两者数据又可互相补充、互相验证;与载人着陆相比,在技术难度、成本和风险上却要低得多。因此,当今和历史上,在行星探测中软着陆探测无论在科学探测深度上,还是在技术衔接中都占据了重要的地位。

根据中国月球探测的发展规划,将在绕月探测之后实施月球软着陆与自动巡视勘察。月球软着陆探测可以进行月球地形地貌研究、内部地质构造研究、矿物与资源分布研究以及月基天文观测等多项科学研究,同时可开展大量技术试验,获取丰硕的成果。

月球表面的软着陆探测,相对返回式航天器在地球表面的着陆有很大不同。月球的特征主要表现在以下几个方面——

(1) 月球表面几乎没有大气层 月表气压仅为 10^{-14} 大气压,因此无法利用气动减速的方法着陆,需依靠探测器自身的推进系统来降低其相对月球的速度,保证最终的软着陆;对探测器的气动外形要求不严,不用考虑着陆过程中的大气扰动影响;要实施软着陆,必须把探测器相对月球的速度降到几米每秒的量级;这意味着,探测器需靠自身的推进分系统衰减近 2 千米/秒的速度,把探测器与月表的相对速度减至 2~4 米/秒,以保证不损坏探测器;这样的着陆过程,对 GNC 和推进分系统的设计提出了更高要求,如 GNC 的自主闭环导航与控制、发动机的多次启动能力、发动机的推力可调控等。

(2) 月球的重力加速度是地球的 1/6　月球表面重力加速度为 1.632 米/秒^2,月球重力场不均匀,存在质量集中的"质量瘤"现象;探测器着陆轨迹受重力场不均匀的影响,会导致落点偏差。着陆器以一定速度在月表着陆时,会对探测器产生一定的着陆冲击载荷,探测器需依靠自身的着陆缓冲阻尼系统吸收冲击能量,保证探测器正常工作。

(3) 月球表面主要由高地、月海和撞击坑组成　月面上直径大于 1 千米的撞击坑占月表面积的 7%~10%,而且:

① 高地和月海的高度最多可相差 5 千米。月海地区平均坡度约 7°,地形最大坡度约 39°。

② 月表的承载能力对着陆器着陆和巡视器的设计有重要意义,决定着着陆冲击过程和稳定后的下陷深度。月表的平均承载能力为在 1 厘米^2 面积上作用 1 牛的力下陷约 1 厘米。

③ 月表撞击坑的直径与数量分布存在一定的统计规律。月面撞击坑的分布量和坑的直径近似成反比。每平方米内直径大于 10 厘米的撞击坑约 20 个,大于 1 米的约 0.1 个。对于撞击坑的典型轮廓,一般坑的深度不大于坑直径的 25%,边缘高度不大于直径的 6%。因此,撞击坑基本是较平缓的。

④ 月面分布着大小不一的石块。直径 10 厘米的石块,在每平方米月面分布小于 1 块;而 1 米左右的则只有 0.01 块。因此,月球表面不同于火星,不是多石块的地表。

⑤ 月壤平均厚度 5~10 米,平均密度 1500~2500 千克/米^3,有效摩擦系数约为 0.4~0.8,月壤结合力为 0.02~0.2 牛/米^2。

(4) 月球自转周期为 27.3 天　月球上光照条件和昼夜温差变化都很大。要求探测器的能源和温控系统能在这样恶劣的状况下保证探测器的正常工作,尤其是要保证探测器在长达 14 个地球日的黑夜期间、最低温度可达–180℃条件下的电源与热控保障;探测器在月面的工作,和以往飞行的航天器所处的深冷背景空间不同,月面的热、辐射与反照等特性对探测器的工作有极大的影响。

（5）月球围绕地球公转与自转的周期相同　因此，月球始终有一面朝向地球。这给通信带来了好处：如果地球上的测控通信站可满足间隔120°精度分布一个的要求，那么每天24小时均可以和月表的探测器通信。但月表工作期间大量科学探测数据的传输，着陆器的定位、月面巡视探测器的导航与定位需求等又对测控通信系统提出了新的要求。

月球软着陆飞行

为实现在月球的软着陆，必须使探测器与月面的相对速度降为几米每秒的量级，然后再通过着陆缓冲装置吸收着陆冲击，以确保着陆后各类仪器设备不被摔坏，顺利完成后续的探测任务。

探测器在着陆前的飞行过程与绕月探测任务类似，经历发射轨道、地月转移轨道等过程。而着陆过程则别具特点。从目前人类已经实现的着陆探测来看，着陆轨道方式主要可分为两类：从地月转移轨道直接着陆和从环月轨道着陆。

从地月转移轨道直接着陆

从地月转移轨道直接着陆，是指探测器在向月球的飞行过程中沿一条与月球相交的轨迹飞行；当到达距月球一定距离时，开始制动过程，降低相对月球的速度，并最终降落在月面。美国早期的"勘测者号"系列着陆探测器和苏联早期的"月球9号"就采用了这种着陆轨道。以"勘测者号"为例，着陆过程为：

在发射后约66小时探测器接近月球时，从地面测控站发出指令，调整探测器的姿态，使其制动发动机的推力器与速度矢量共线。电视摄像机向地面传送着陆区附近的影像。当探测器与月球相对速度为2745米/秒、测高仪信号指示距月球约96千米时，固体主制动发动机点火，探测器开始减速。在距月球12.2千米高度时，制动火

箭关闭,8秒后与探测器分离。在这个高度上,探测器覆盖足够多的月球表面, 可以可靠地接收来自多普勒速度计和测高仪的控制信号。这些信号被飞行控制电路处理后,用于控制3个小推力发动机在适当的高度和速度时开关机。探测器继续下降,直到距月面4.27米时发动机关闭。此时纵向和横向相对速度都很小,航天器自由下落在月表,整个过程如图6-1所示。

这样的着陆方式,从发射到着陆所经历的时间较短,过程较简单。但着陆过程过载比较大,没有调整着陆点的余地,因此着陆精度较差。

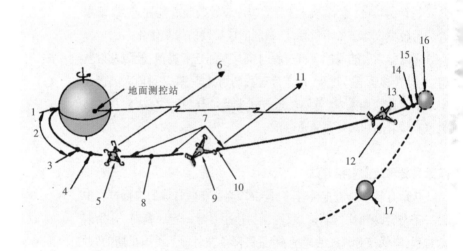

图6-1 探测器从地月转移轨道直接着陆月球示意。图中数字编号说明如下:1-发射;2-运载火箭助推段;3-入轨并分离;4-初始测控捕获;5-太阳捕获(正常情况下,发射后不晚于1小时);6-太阳定向;7-巡航阶段;8-星敏感器捕获和修正 (正常情况下,发射后6小时);9-中途修正(正常情况下,发射后15小时);10-太阳和星敏感器的重新捕获 (中途修正后直接进行);11-太阳定向;12-预先机动和其他操作(正常情况下触及月面前30分钟);13-制动火箭段(正常情况下,距月面96千米);14-游标下降段(正常情况下,最后10.7千米);15-触及月面;16-和月面的撞击点;17-发射时月球的位置

从环月轨道降轨后再着陆

苏联从"月球16号"探测器开始,采用先环月再着陆的着陆方式。其后,苏联的无人着陆和美国的载人登月均采用了这种方式。在这种方式中,探测器一般都先进入轨道高度约100~200千米的环月轨道(图6-2),然后经变轨降低轨道近月点至15~20千米(图6-3)。从这个近月点开始动力下降过程。在动力下降过程中还需利用着陆测高仪和测速仪来测量探测器相对月面的高度与速度,以控制探测

图 6-2 苏联月球着陆器地月转移飞行示意图

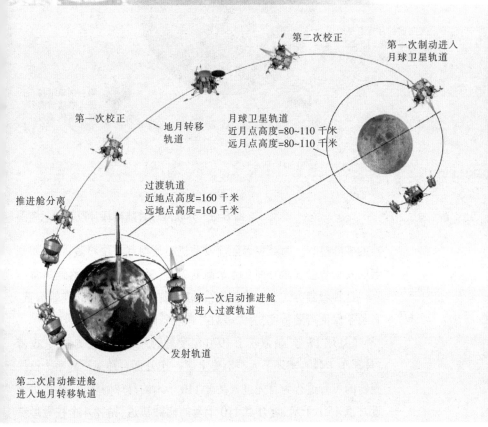

第二次校正

第一次制动进入
月球卫星轨道

第一次校正

地月转移
轨道

月球卫星轨道
近月点高度=80~110 千米
远月点高度=80~110 千米

过渡轨道
近地点高度=160 千米
远地点高度=160 千米

推进舱分离

第一次启动推进舱
进入过渡轨道

发射轨道

第二次启动推进舱
进入地月转移轨道

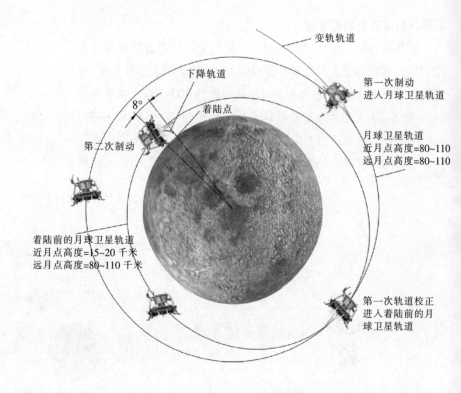

图6-3 苏联月球着陆器环月段飞行示意图

器的着陆过程。为减少着陆前发动机喷流引起月壤喷溅,一般探测器的发动机会在距月面2~4米高处关闭,探测器自由下落到月面。

这种着陆方式,有比较充裕的时间在环月轨道进行在轨测试,有利于保证着陆精度,为大多数月球软着陆探测所采用。

"月球17号"是苏联于1970年发射的月球着陆探测器,它携带"月球车1号",实现了人类历史上第一次月面自动巡视勘察。该探测器的飞行过程为首先进入高度110千米的月球圆轨道。然后进入近月点15.1千米、远月点110千米的椭圆轨道,抛掉4个柱冠形储

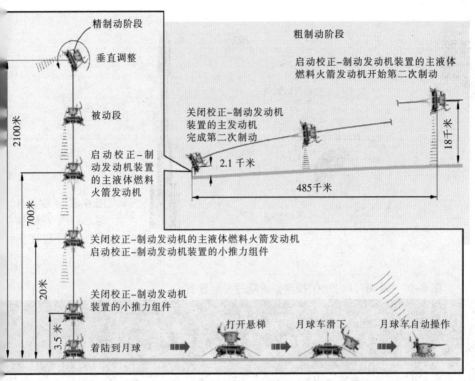

图 6-4　苏联月球着陆器最终着陆段飞行示意图

箱,开始第一次主制动,然后自由下落。至 600 米高度时,由多普勒速度计和测高仪识别,4 个控制发动机点火,在距月面 20 米时关闭,软着陆发动机在距月面 2 米高、速度小于 2.4 米/秒关闭,然后自由下落(图 6-4)。

　　"欧洲月球 2000"(EuroMoon2000)软着陆计划:此计划是欧洲空间局在 20 世纪 90 年代开始论证的,原计划于 2000 年发射,后来进行了较大更改。该计划的着陆探测器飞行程序如图 6-5 所示,其着陆过程见图 6-6。

　　其着陆过程为从 50 千米高度的环月轨道开始, 发动机点火制动,到距月面约 1 千米高时相对月面的速度降为 0,做盘旋运动,选

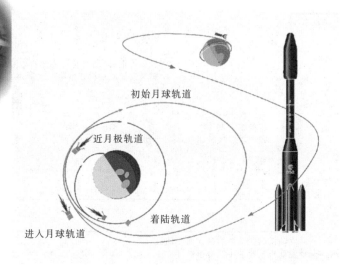

图 6-5 "欧洲月球 2000"着陆探测器飞行程序示意图

图 6-6 "欧洲月球 2000"探测器着陆过程示意图

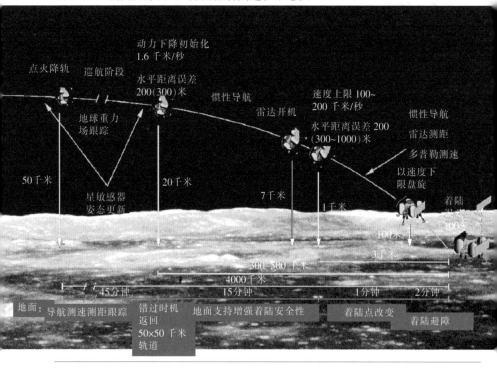

择合适的着陆点后继续下降,最终可实现着陆精度约 100 米。

月球着陆区的选择

实施软着陆,可以探测着陆区的地形地貌、地质构造、岩石化学和矿物成分、月表环境等数据,进行高分辨率摄影和月岩的现场探测或采样分析。在不同的着陆点,将获得不同的探测结果。人类过去的探月过程中,仅在月球正面的 17 个点着陆(图 6-7),从 9 个点取样返回,大约控制了月球 5.4%~8.8%的面积;月面巡视探测器在月球正面巡视勘察有 7 个点(其中 5 处为"阿波罗号"载人登月区,2处为"月球号"着陆区),勘察距离最长仅 37 千米。因此,人类对月球的认识还很局限与肤浅。

从着陆区域看,以往的着陆点主要集中在月球赤道附近,主要

图 6-7 探测器着陆点在月面上的分布

原因可能有：(1)黄道面与月球赤道面夹角只有 5°，赤道地区光照条件好；(2)大量有用元素如钛、铁、氧主要集中在月球正面的赤道附近；(3)赤道附近地形条件较适宜着陆。近年美国和欧洲的探月计划都开始把着陆地点聚焦于月球南极。主要原因是通过美国"克莱门汀号"月球卫星的探测，发现月球南极可能有水冰存在。

尽管月面上有极大量的地区等待人类去探测，但航天技术水平的限制使我们不能随心所欲地到达想去的地方。因此必须在科学家的需要和工程实现的可行性中寻找结合点。从科学探测的角度，希望选择的着陆点有以下特点：

为满足月球地质研究的需要，着陆区应选择在地质现象丰富的地区，如月海和高地的接触带、大型山脉、典型撞击坑构造区域等。

为满足月球资源利用和研究的需要，着陆区应选择在成熟月壤区和矿产资源丰富地区。

而从工程实施的可行性与可靠度角度，则应考虑：

(1) 通信条件　由于月球自转与公转周期相等，因此总是有一面朝向地球，有一面永远背向地球。着陆区如选择在月球正面，可以保证探测器与地球的可靠通信；如选择在月球背面，则必须考虑用中继卫星来实现探测器与地球间的通信。

(2) 地形地貌条件　从着陆的难度和安全性考虑，着陆区应选择开阔而平坦的地区，以降低软着陆的风险和月面巡视的难度。同时着陆点附近不应有高山，以免山体对太阳光或通信链路造成大的遮挡。

(3) 光照和热环境　为保证着陆后的探测器可以正常工作，需要有足够的太阳辐射作为能源，同时需要适宜的温度环境条件。例如在月球的赤道，光照条件较好，白天温度可达 120℃以上；在接近极区，白天温度却只有−50℃左右，但通过选择着陆点，却有可能获得永久的光照。因此，需综合权衡光照、热环境，结合探测器自身的能力来选择着陆区域。

同时还要考虑轨道的可达性,测控弧段的保证等因素,综合优选着陆区。

随着航天技术的进步和人类开发利用月球资源的需要,月球两极的永久光照区越来越成为人们感兴趣的着陆区。由于地球自转轴与其公转轴有约1°的夹角,且考虑到地形的作用,在月球的南北极存在着永久光照区。两极的永久光照区具有光照条件好、热环境变化范围小等优点,但同时对着陆精度、着陆避障能力、测控通信能力等又提出了更高要求。根据目前的资料,初步确定的永久光照区如图6-8所示。

由图6-8可以看到,月球极区的永久光照区很少,而且面积也很小。月球南极的永久光照区相对北极要多一点,北极几乎找不到永久光照区。

图6-8 月球极区光照情况。月球南极的永久光照区要比月球北极多一些

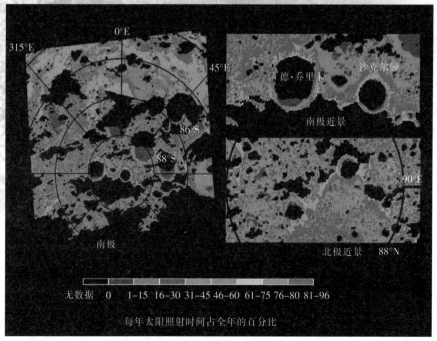

无数据   0   1-15 16-30 31-45 46-60 61-75 76-80 81-96

每年太阳照射时间占全年的百分比

科学探测仪器

对月球开展科学探测研究,主要可分为三类。一类是直接研究月球,一类是利用月球的条件来研究其他天体乃至整个宇宙,还有一类是利用月球来开发新的技术、资源等。根据绕月探测的不同科学目标,可选择各类科学探测仪器,主要包括以下几类:

(1) 可见光光学摄像/照相机 如 CCD 立体相机,多色微型相机等。可用于在轨道上、着陆过程中以及月面上获取月面的图像,研究月表的地形地貌特征。

(2) 红外光学探测器 由于月球表面各种矿物在可见光、近红外和短波红外区均具有不同的光谱特征,因此,利用光谱分析方法可以对矿物和岩石进行识别和含量分析。

(3) 成像光谱仪/干涉成像光谱仪等 获取月表可见光和近红外区的高光谱图像(指以纳米级的光谱分辨率在可见光到红外区的超多波段成像图像),对月球表面的资源分布进行化学物理特性分析,进行着陆区和巡视区地物成像并获取勘查区物质的光谱组。

(4) 微波探测仪器 可对不同深度月壤微波辐射亮温度进行测量,探测月壤厚度,以用于对月壤中的资源进行评估。

(5) γ/X 射线谱仪、X 射线成像仪 测量月表物质的 γ 射线和荧光 X 射线谱,探测有用元素的含量和分布。

(6) 月表粒子环境探测仪 研究月球表面离子成分的组成和变化特性;研究太阳高能粒子和太阳风粒子在行星际和近地空间传播的规律。

(7) 月球测震系统 了解月震活动性、规律以及发震机理,同时可以监测流星雨、陨石等撞击月球所产生的月球表面振动。通过监测月震,了解月球内部结构和组成。

(8) 月基地球等离子体层极紫外成像仪 利用月球从侧面拍摄地球等离子体层的图像,研究三维空间结构及其在磁扰期间的变化,从而研究地球大气层的演化,为全球气候变化提供研究依据。

（9）光学天文望远镜　利用月球没有大气扰动的独特优点,开展天文观测。包括星震学研究、太阳系外行星的观测研究、光变天体的高精度监测等,对天文学发展有重要贡献。

由于月球的特殊环境条件,因此上述科学探测器的设计与制造与地球上使用的仪器不同,要充分考虑热、光照、辐射等恶劣的环境影响,并尽量实现小型化、低功耗设计,节约成本,提高可靠性。

月球软着陆探测器

月球软着陆探测器系统将负责携带科学探测仪器在月表顺利实施软着陆,给探测仪器提供必须的空间、视野、能源、热控等条件,并负责与地面通信,把探测数据传送回地球。

一般月球软着陆探测器由着陆器和巡视器两部分组成,分别装载科学探测仪器。着陆器在月球上预定区域着陆,科学探测仪器开始对着陆点区域进行就位探测,并释放出巡视器,在月面进行自动巡视勘察。

月球软着陆器的主要功能是要实现在月面的软着陆,保证科学探测仪器在月面的正常工作。区别于一般的卫星和轨道飞行器,它的工作方式是"站立"在月球上,而不是"飞"着。因此,除了航天器常规的系统组成外,它会具有一般轨道飞行器所没有的着陆缓冲系统,同时着陆器上各类载荷与一般卫星的遥感方式也不同,采取的是近距离的就位探测方式。

巡视器与在地球上运动的一般工具不同。首先它要适应月表的地形条件、恶劣热环境条件、辐射环境条件等,保证正常工作;其次它需要自行提供各系统工作所需要的能源,可利用化学电池、太阳能或其他能源;第三它必须自主导航、自主避障,保证在月表上不翻倒、不受阻;第四它必须可以携带一定的科学探测仪器,并为这些仪器提供必要的工作条件;最后,它必须具备对探测数据进行管理、存储和发送回地球的能力。

着陆缓冲方式

在行星表面的着陆,所使用的着陆缓冲装置主要可分为气囊式和着陆架式两种。气囊式采用充气气球作为着陆缓冲,着陆架式是在着陆腿内安装各种形式的吸能装置。

（1）气囊式着陆缓冲装置

气囊式可分为单个气囊和多个气囊组合两种方式。气囊式着陆缓冲系统一般要包括气囊、连接框、气体发生器、气体释放装置等,包裹在整个探测器外部,来缓冲着陆冲击。以往,月球探测除"月球9号"和"月球13号"这样的仅有100千克着陆质量的小型着陆装置使用气囊外,其余均采用着陆架式。且当时"月球9号"研制时人类完全不知道月球表面的土壤条件,才采用气囊这种缓冲性能较好的方式。

美国探测器在火星上着陆,早期也采用着陆架式,后来则大量采用气囊式缓冲系统。其主要原因在于火星的重力加速度约是月球的两倍, 着陆冲击载荷大；火星表面是多坚硬石块的地形,易撞坏着陆腿；火星有大气层,可先采用气动减速,并保持气囊抛下时的姿态。目前着陆的火星探测器均不大（勇气号火星车重173千克),其气囊式缓冲系统（图6-9）总重约

图6-9　美国用于火星探测器着陆的气囊式缓冲装置

120千克，着陆后反弹高度约为气囊释放高度的12倍，着陆后气囊稳定及放气的时间超过2小时。

(2) 着陆架式缓冲装置

着陆架式机构在月球软着陆探测中被广泛使用。其着陆姿态稳定，通过机构设计可以实现不反弹，适合于较大型的着陆器。着陆架由多杆组成，在主承力腿中安装缓冲器来实现着陆冲击载荷的缓冲。缓冲器吸能方式的选择主要可分为液压式和金属蜂窝变形式两种。

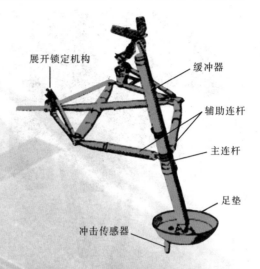

图6-10 月球软着陆探测器广泛使用的菱形着陆架式机构

从上述两种缓冲方式的比较可以看出，气囊式着陆缓冲系统适合于多石块的着陆地点，适合于小型着陆器。而根据月球表面的重力和地形等条件，采用着陆架式机构更加适宜。

着陆架一般可考虑"三腿"式和"四腿"式两种。四腿式可靠性高，安装布局方便，因此采用"四腿"式着陆缓冲机构更适宜。为保证着陆的稳定性，着陆架腿间的跨度应大于着陆器自身的横向包络尺寸，如在发射状态超出运载火箭的包络曲线，则需考虑着陆机构在发射状态的收拢方案，入轨后展开。

着陆架式缓冲装置一般由支柱、缓冲器、脚盘等几个部分组成，其构型形式分为菱形(图6-10)和倒三角形(图6-11)两类。缓冲器的选择包括液压式、铝蜂窝、金属拉杆等几类。

着陆制导、导航、控制与推进技术

为保证探测器能以要求的精度着陆在月面指定地点，不同于以

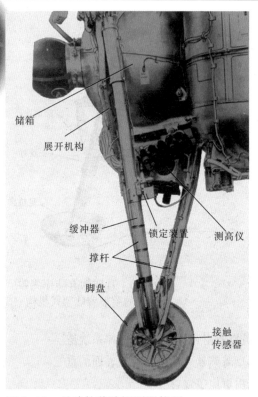

储箱
展开机构
缓冲器
锁定装置
测高仪
撑杆
脚盘
接触传感器

图 6-11 月球软着陆探测器使用的倒三角形着陆机构

往的航天器，对制导导航与控制系统和推进系统提出的新要求主要体现在以下几个方面：

（1）需要增加相对月球的速度和距离敏感器，以指导着陆策略；包括测距测速的敏感器，同时可适当增加地形识别视觉系统，以指导最终着陆点的选择，实施避障机动，保证着陆安全；对月测速测距敏感器一般可分为微波和激光两类，地形识别系统可考虑光学成像和激光成像等方式；图 6-12 为苏联的软着陆探测器携带的测高仪装置。

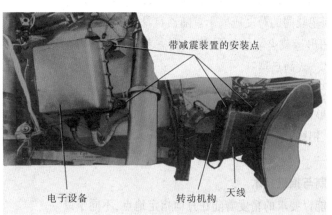

带减震装置的安装点

电子设备
转动机构
天线

图 6-12 苏联的软着陆探测器携带的测高仪装置

（2）为获得较为优化的着陆过程,根据燃料最优的原则,制动过程中需改变制动推力大小和其在惯性空间中的方向,此时一般依靠着陆器自身姿态的变化来调整发动机推力方向,依靠发动机组合开关控制或依靠变推力发动机来实现推力大小的控制。

变推力发动机技术在月球软着陆探测中被广泛应用。它的原理是通过调节推进剂的流量来调节推力的大小。图6-13为苏联的"液发417"发动机。

（3）姿控系统需提供着陆器在着陆前的盘旋运动,以保证探测器选择落点,不会倾倒。因此对制导导航与控制系统设计提出了更高要求。

（4）着陆过程时间较短,状态变化较快,因此无法利用地面来完成导航与控制。整个着陆过程制导导航与控制系统是采用基于敏感器的闭环自主控制方法,来实现发动机开关机、姿态调整、避障机动等动作,保证安全着陆。

图 6-13　苏联的"液发417"发动机由一个主推力室和两个可转向的小推力室组成,推力调节范围为 7.35~18.90 千牛

软着陆探测的地面测控通信技术分析

在深空探测任务中,通信保障的主要困难来自于巨大的距离扩散损耗、长时间的延迟及低覆盖率等问题。要解决这些问题,有以下几种思路可供参考:

(1) 提高星上测控通信设备的功率,增大星载天线的尺寸,提高天线增益。

(2) 采用更为复杂的信源、信道编码方式,提高编码增益。

(3) 改造中国现有的测控通信网络,提高地面站的上行功率,增加地面天线的尺寸,提高天线增益。

(4) 天线增益和载波频率的平方成正比,通过提高载波的频率来提高天线增益。

对于以上的几种考虑,我们逐一分析如下。

① 由于星上设备受星体的尺寸、重量等多方面的因素限制,不太可能有较大幅度的修改,因此通过增大星载天线的尺寸来提高天线增益难以实现;另外,由于卫星在真空环境下运行时,如果星载测控通信设备功率过高,将会发生微放电现象。其具体表现为在测控应答机以较高功率工作一段时间后,功率将瞬时跌落,其值低于正常通信所需的功率。因此,测控应答机受微放电现象的制约,其功率不能无限增大。

② 如果采用更为复杂的信源、信道编码方式,将不可避免地增加星载测控应答机设备的复杂性及体积、重量等参数,受整星制约,难以实现。

③ 改造中国现有的测控通信网络,提高地面站的上行功率,增加地面天线的尺寸,提高天线增益。这是几种思路中较为可行、可操作性较强的一种。这也是国际上进行深空探测比较通用的做法。

④ 提高载波的频率以获得天线的高增益,但是,这受到频率资源以及硬件设备研制水平的制约,而且,频率越高发射机的效率也

越低,较为可行的方案是将下行载频由 S 频段提高到 X 频段。现有的成熟体制为测控用 S 频段,而数据传输多采用 X 频段。

一般的,天线增益与天线的直径的平方成正比。34 米口径的天线增益比 12 米口径天线增益要大约 9 分贝,在传送同样数据量的情况下,星载发射机的功率可以降低 8 倍。这将极大的减少月球探测器的研制难度,增大设备的可靠性。

在国际上,研制 S、X 和 Ka 频段 34 米直径的地面天线的技术已经成熟,美国国家宇航局以及世界上深空探测技术较为成熟的几个国家都已经实现。扩大天线直径,将增加微弱信号的接收面积,提高地面站的上行功率,提高天线和信道的增益,对于保障通信链路的稳定性和可靠性具有十分重要的意义。

此外,由于深空网全球布站,已具备 100% 的覆盖性。中国通过研制自己的深空测控通信站,并充分考虑与国际上通用的深空测控体制的兼容性,则可在深空测控通信站建成后,依靠交换、相互支持机时的机制,与国外充分合作,从而节省租用国外深空网地面站的昂贵费用,并且可以实现 100% 的全球覆盖性。图 6-14 为美国深空网地面站的分布图。

图 6-14   美国深空网地面站分布图

月面工作的电源和热控保障技术

月球表面光照条件变化较大,着陆器在月面工作期间,在一个月球日(约相当于14个地球日)内太阳的高度角在-90°~+90°范围内变化。在月球重力场(1.62米/秒²)的作用下,太阳电池阵的转动机构要承受一定的载荷,所以不可能安装太大的太阳电池阵。同时,受重量等限制,蓄电池也不可能太大。因此,着陆器电源系统所能提供的能量有限。

月球由于不存在大气层,以及自转缓慢,故其日照面和阴影面温度相差极大。如何在这样恶劣的外部环境中保证各种设备正常工作,这对于月球着陆探测器的热控设计是极大的挑战。

常规的航天器热控和电源系统技术可能无法完全满足月面软着陆探测的需求。国际上在深空探测中广泛采用了同位素温差电源技术(图6-15)。同位素温差电源技术既是一种电源技术,也是一种热控手段。其实质是用同位素衰变产生的大量热量来解决低温环境下的热控问题,用通过热电转换产生的电能解决部分仪器

图6-15 "阿波罗号"登月时在月面布置的同位素温差电源(图内中部偏下)

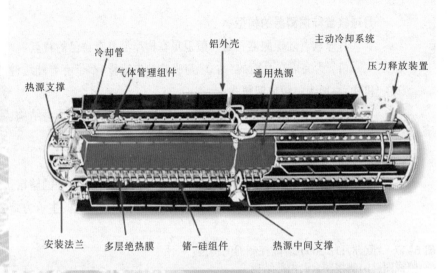

冷却管　　　　　　铝外壳　　　　　　　　主动冷却系统
气体管理组件　　　　　　通用热源　　　　　压力释放装置
热源支撑

热源支撑

安装法兰　　多层绝热膜　　锗-硅组件　　　热源中间支撑

图 6-16　美国新一代利用通用热源制成的同位素温差电源

的功率需求。同位素温差电源的电转换效率较低,一般为 5%左右,其余的热量都可用于热控。

　　放射性同位素温差电源(RTG)是一种高生存力的致密能源,它结构紧凑,可靠性高,抗辐照性能好,能够在最恶劣环境下运行(图 6-16)。与迄今已知的其他化学电源和物理电源相比,它的质量比能量最高(10^5 瓦·小时/千克),体积比能量最大,寿命最长,且不需维护,也不受环境影响。在月球探测任务中使用同位素温差电源,其同位素热源的部分热能可用于温差电换能器发电并为系统提供能源,其余的辐射热量可为系统中的其他电子元件加温,维护极端低温环境中的正常温控要求。

　　同位素热源产生的热量需通过热开关、热管等设备导入航天器内部,以满足温度控制的需要。

　　同位素温差电源/热源可选择的同位素主要为钋 210 和钚 238两种。钚 238 的半衰期长达约 78 年,因而航天应用更为广泛。

月球软着陆探测器的构型

月球软着陆探测器相对一般卫星在构型上具有自己的特点：

（1）为完成在月面的"站立"与吸收冲击能量，都带有着陆缓冲机构，一般为三腿或四腿式。

（2）为实现传力途径的优化，一般多采用桁架式主承力结构，并与壁板相结合。

（3）为保证着陆的安全性，一般为较扁的形状。

（4）着陆降轨需消耗大量燃料，因此一般都带有大容积的储箱。

"欧洲月球 2000"着陆探测器的构型如图 6–17。它的主承力结

图 6–17 "欧洲月球 2000"着陆探测器的构型：
(a)俯视图,(b)侧视图,(c)内部结构

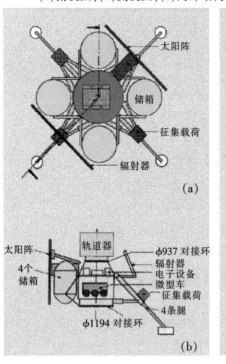

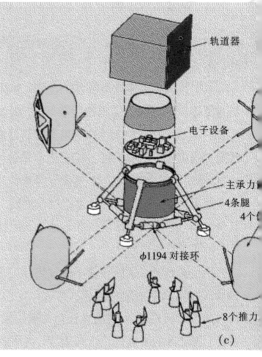

构采用承力筒与桁架相结合的方式，四腿式着陆缓冲机构，四个并排放置的推进剂储箱，多个发动机组合，苏联的月球探测器采用以储箱兼做主承力结构的方式，围绕储箱布置其他仪器。图6–18是"月球21号"探测器的运输构型图，图6–19则是其着陆后的构型图。

月面巡视探测器

月面巡视探测器俗称月球车，它与在地球上运动的一般工具不同。首先它要适应月表的地形条件、恶劣热环境条件、辐射环境条件等，保证正常工作。其次它要自行提

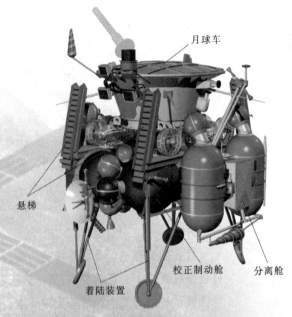

图6–18 "月球21号"探测器的运输构型图

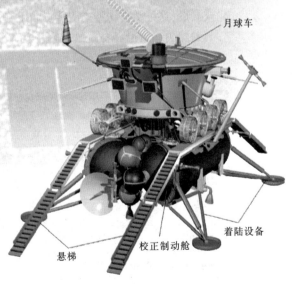

图6–19 "月球21号"探测器着陆后的构型图

供各系统工作所需的能源,可利用化学电源、太阳能或其他能源。第三它必须自主导航、自主避障,保证在月表上不翻倒、不受阻。第四它必须可以携带一定的科学探测仪器,并为这些仪器提供必要的工作条件。最后,它必须具备对探测数据进行管理、存储和发送回地球的能力。

巡视器一般包括6个子系统,分别是驱动机构与结构子系统、导航与控制子系统、综合电子子系统、电源子系统、热控子系统以及有效载荷子系统。区别于一般的航天器,它的主要特点体现在行走方式和控制方式上。

行进方式

月表的地形地貌及其月壤的机械特性等对月面巡视探测器的移动系统提出了一定的要求,具体体现在:移动系统的机械传动装置能够适应月球表面松散的土壤环境;具有一定的越障能力,能够越过一定高度的障碍物并保持平稳。

月面巡视探测器在考虑移动系统时,主要围绕履带式、腿式和轮式开展,这三类移动型式的特点和研制情况比较见表6-1。

苏联当初在设计月面巡视探测器时曾考虑过使用履带式方案,

表6-1　主要移动类型比较

项目		履带式	腿式	轮式
运动性能	稳定性/通过性	良好	较差	较好
	越障性能	良好	与腿长度有关	受轮子半径限制
	驱动效率	较差	较高	较高
	驱动可靠性	较低	较高	较高
机构控制		较为复杂	非常复杂	相对简单
机构包络尺寸/质量		较大	较小	结构紧凑/质量较轻

但由于履带式移动机构的防尘密封难度大,更为严重的是在月壤中运行时,履带会被磨损甚至卡死;加之沉重的履带和繁多的轮体使得整体机构笨重,消耗的功率也相对较大,因此基本放弃履带式移动方案。在穿过松软沙地时,与轮式移动机构相比,腿式移动机构的效率较低、稳定性差,并且在复杂地面上的运动控制较为复杂,因此,随着研究人员对轮式移动机构研究的逐步深入,在月表环境下已经很难再找到开发腿式移动机构的方案了。

轮式移动机构具有运动速度快、传动效率高、结构紧凑的特点,因而受到众多机器人研究专家的重视。近几年出现了各种各样可适应复杂地形的底盘与悬架系统,已使轮式移动系统成为巡视探测器移动系统的主流形式。日本的六轮柔性底盘巡视探测实验车LRTV、美国喷气推进实验室的六轮摇臂悬挂式巡视探测器"罗基"(Rocky)系列以及卡内基-梅隆大学的六轮三体柔性机器人车"罗比"(Robby),俄罗斯的六轮三体柔性底盘巡视探测器"火星车"(Марсоход),均采用轮式移动机构。

轮式移动机构按照车轮的数量可分为单轮、三轮、四轮、五轮、六轮、八轮等移动机构,其中已在或拟在探测器上使用的主要集中于四轮方案、六轮摇臂方案和八轮摇臂方案。四轮机构具有结构紧凑、耗能低、负载能力大、重心低、姿态调整方便等优点;缺点是车体的稳定性较差,爬坡和越障能力不强。运动稳定性、爬坡和越障能力,是在进行月面移动机构方案选择时必须突出考虑的问题,四轮方案这些能力比六轮和八轮方案相对较差,因而月面巡视探测器基本不适合采用此种移动机构。六轮方案和八轮方案在运动原理上并无实质区别,并且运动过程控制也基本相同。六轮方案具有结构紧凑、地形适应能力强、越障性能优良、控制灵活、车体姿态平稳等优点;缺点是重力在各车轮上的分配不均匀,不能充分发挥电机的效率。八轮方案的优点是结构对称、正向和逆向运动特性一致,重力在各车轮上均匀分配、电机驱动效率高,越障性能和地形适应能力强,

车体运行过程姿态平稳;缺点是机构组成相对复杂,运动控制难度较大。

控制方式

在进行月面巡视探测器仪器设备布局时,相机、天线、太阳能电池阵列一般布置在月面巡视探测器的上部。如果月面巡视探测器发生倾覆,即使采取措施自主恢复工作状态后,也可能由于设备的损坏而导致巡视探测器无法正常完成后继科学探测任务。因此,月面巡视探测器在执行巡视勘察任务的过程中,必须通过增强月面巡视探测器自我安全检测、危险感知、危险处置的能力,来保证系统安全。

时延和通信带宽给月面巡视探测器的地面遥操作带来了很大的困难。由于月面巡视探测器操作任务的复杂性和作业环境的不确定性,目前尚难以实现月面巡视探测器的完全自主控制。目前巡视探测器主要运用地面遥操作和局部避障的方式工作,即大的方向和运动目标需要人工确定,局部的路径规划和运动控制(避障过程)由巡视探测器自主完成。月面巡视探测器采用半自主控制方案,即目标点的确定、路径规划由地面遥操作端完成,巡视器具备自主完成局部障碍感知和安全处置的能力。

早先苏联的“月球车1号”和“月球车2号”均完全靠地面遥操作来控制巡视器的行走与工作,而“阿波罗号”载人登月的月球车是由宇航员在月面操作来工作的。

巡视器构型

月球或行星巡视器的构型,有轮式探测车、履带式探测车、腿式探测车以及其他一些特殊形式的探测车,因其内容丰富,故下面专辟一节予以介绍。

月球/行星探测车构型

轮式探测车

目前出现的轮式月球/行星探测车主要有单轮、三轮、四轮、五轮、六轮及八轮等几种。

单轮式探测车　美国卡内基梅隆大学机器人研究所研制了一种基于陀螺进动原理的新型单轮式探测车"陀螺车"(Gyrover),如图6-20所示。"陀螺车"是一个尖边轮机构,轮内装有三个驱动器:高速马达、侧倾马达和驱动马达。高速马达带动一个悬挂飞轮高速旋转,以使"陀螺车"保持动态稳定;侧倾马达控制旋转飞轮的角度,进而控制"陀螺车"的转向;驱动马达通过改变"陀螺车"内部的摆动质量来控制其前进和后退的加速度。该探测车用一个车轮代替整个车体,较好地利用了"圆"这种几何结构的地形适应能力,减小了整车体积,增加了探测车的机动性和灵活性。

日本东京电子通信大学也研制了一种球形移动探测车,该车由一个球形轮和一个装在球形轮上起平衡作用的弧形体构成。其中三个驱动电机装在球形轮内的一个单摆上,用于控制球形探测车的滚动、俯仰和偏转角。由于球形轮在各个方向上的截面均是圆,故比"陀螺车"具有更好的地形适应能力。

图6-20　美国卡内基梅隆大学机器人研究所研制的单轮式探测车"陀螺车"

　　三轮式探测车　日本的马仕达公司和东京工业大学联合开发了"三星2号"探测车。该车采用轴环和可压缩轮结构,装载时体积较小,充分展开时的大小为1米×1.2米×1米,收缩时仅为0.6米×0.6米×0.8米。发射时呈收缩状态,折叠比为373%,如图6-21。该车质量(包括有效载荷)60千克,平均移动速度0.5米/秒,能翻越的最陡坡度为30°,具有较强的机动性。轮子的结构比较独特,直径可以变化,最大可扩张为456毫米,最小可收缩为236毫米。

　　四轮式探测车　在"阿波罗15号"飞船登月过程中,宇航员首次在月球上乘坐"月球老爷车"(Moon Buggy)遨游探测。该车只在白天工作,是一种具有双座自动行驶装置的类似吉普的四轮车,其外形参见图6-22。该车质量约726千克,长3.1米,宽1.8米。车体大部分采用铝结构,车轮由镀亚铅的钢丝编制而成,4个车轮均独立驱动,前、后轮带有舵,在两驾驶位置处装有手动控制器来控制其运动。"月球老爷车"的移动速度约8.1千米/小时,实际平均行走距离约29千米。美国发射的"阿波罗16号"和"阿波罗17号"登月飞船也携带了这种类型的探测车。

　　美国桑地亚国家实验室机器人车辆部于1991年提出一种四轮驱动的月球探测车"拉特勒",其英文名RATLER系Robot All Terrain Lunar Exploration Rover的首字母缩略词,意为"全地候机器人月球探测车"。"拉特勒"采用转向节悬挂和差速转向,利用空心枢轴得到可变形的底盘。当探测车行驶于复杂地形上时,可保持其四轮同时着地。但只有车体的中心靠近枢轴的轴线或几何中心时,才能保

图6-21　日本研制的三轮式探测车"三星2号"

图 6-22 美国"阿波罗 15 号"的宇航员首次乘坐的四轮式月球探测车"月球老爷车"

证探测车爬越较大障碍。

美国卡内基梅隆大学机器人研究所还研制了新一代月球和火星探测车"诺马德"(Nomad)，如图 6-23 所示。该探测车由可变形底盘、均化悬挂系统和自包含车轮组成，是一个具有独立驱动和导向能力的四轮结构，采用 2 个转向节的浮动边框架来平均车轮的受力，每个转向

图 6-23 具有独立驱动和导向能力的四轮式探测车"诺马德"

节分别作为左、右车轮的支撑结构。"诺马德"有 3 种转向方式：差速转向、艾克曼(Ackerman)转向和原地转向。差速转向用于车体未展开和转向电机出现故障时，原地转向用于机器人被困时，而多数情况下采用艾克曼转向。该探测车的最大移动速度为 0.5 米/秒，于 1997、1998 年分别在智利的阿塔卡马沙漠和南极地区通过了实地测试。

图 6-24　"纳诺车"仅重 100 克,可行驶 3 米

美国喷气推进实验室在分析了以往大型探测器（800~1000 千克）之后,自 1989 年开始研制质量在 5~50 千克之间的微型探测车,"纳诺车"(Nanorover)是其中的一种,属超小型结构。该车是具有摆动悬挂底盘和自动复位结构的 4 轮探测车。在平缓地形行驶时以四轮滚动方式前进,在崎岖地形行驶时则相当于一个 4 足机器人,如图 6-24 所示。"纳诺车"仅重 100 克,可行驶 3 米,计划应用于 21 世纪初的小行星表面探测任务。

五轮式探测车　具有代表性的五轮结构探测车是日本马仕达公司研制的"微 5"(Micro5)。该车采用 5 点接触悬吊结构,如图 6-25 所示。其中 4 个角轮为驱动轮,中间轮为支撑轮,可绕横梁节点转动,并通过其转动来调整重力在各轮上的分配,从而提高车体的稳定性和越野性。该车的车轮直径为 100 毫米,平均速度为 1.5 厘米/秒,最大爬坡高度为 40°,最大越障高度为 130 毫米。

六轮式探测车　美国喷气推进实验室在月球/行星表面探测车研制方面代表了该领域的最高水平。该机构开发了"罗基"系列新型火星探测车:"罗基 1 号"、"罗基 3.0 号"、"罗基 3.2 号"、"罗基 4 号"、"罗基 7 号"等,其中"罗基 7 号"火星探测车的结构如图 6-26 所示。该车的质量约 15 千克,有 6 个车轮,车体尺寸为 480 毫米×640 毫米×320 毫米,其移动系统采用摇臂—转向架式悬挂,能够自动适应复杂的月球/行星地形环境。

1997 年,由美国"火星探路者号"探测器携带的"索杰纳号"火星车在火星表面成功着陆。该探测车是喷气推进实验室研制的一种自主式机器人车辆,为"罗基7号"的简化型号(图6-27)。"索杰纳号"的质量不足11.5千克,车体尺寸为630毫米×480毫米×280毫米,车轮直径为130毫米,表面装有不锈钢防滑链条。该车有6个独立悬挂的车轮,前后均装有独立的转向机构,移动系统采用摇臂—转向架式悬挂结构,能在各种复杂地域行驶,特别是软沙地,最大移动速度为0.7厘米/秒。

"勇气号"火星探测车(图6-28)于2004年1月3日在火星表面成功着陆,目前仍在执行科学探测任务。它是一个高度自动化、运动范围较大的科学实验和取样收集系统。该探测车具有6个独立的驱动车轮和转向车轮,质量约为180千克。

瑞士联邦理工学院和瑞士自动化系统实验室于2002年研制了"小虾"(Shrimp)探测车。该车具有6个独立的驱动

图6-25　日本马仕达公司研制的五轮式探测车"微5"

图6-26　美国国家宇航局喷气推进实验室研制的六轮式探测车"罗基7号"

图6-27　"索杰纳号"火星探测车

图 6-28　美国的"勇气号"火星探测车

图 6-29　瑞士研制的"小虾"探测车

车轮，车体质量为 3.1 千克，采用的是平行悬挂结构，可适应崎岖的地形。该车的 6 个车轮能同时与半径为 30 厘米的凸面和半径为 35 厘米的凹面接触，跨越两倍于车轮直径的垂直障碍(图 6-29)。

俄罗斯对月球/行星探测车的研究也比较活跃，图 6-30 所示的探测车是俄罗斯研制的"火星车"。该车质量约为 75 千克，车体尺寸为 700 毫米×950 毫米×700 毫米，底盘是可变形结构，6 个由钛合金制成的直径为 350 毫米的圆锥形车轮可滚动或爬行，最大移动速度 0.15 米/秒，能爬越最高 50 厘米的障碍，移动范围为 100 千米。该探测车准备先探测月球，再探测火星。

八轮式探测车　苏联在 1970 年 11 月 10 日发射的"月球 17 号"探测器携带了历史上第一辆月球探测车——"月球车 1 号"。它是一辆 8 轮月球探测车，外形如图 6-31。该车质量约为 756 千克，长约 2.94 米，宽约 1.96 米，车体结构分为上下两部分，上部分是仪器舱，下部分是自动行走底盘。仪器舱是由镁合金制成的密封舱，保证仪器设备工作时不受月面环境的影响。"月球车 1 号"可以爬上 30°的斜坡，越过 40 厘米高的障碍和 60 厘米宽的沟壑。该车有两个速度档，分别为 1 千米/小时(约 28

图 6-30　俄罗斯研制的六轮"火星车"

厘米/秒)和 2 千米/小时(约 56 厘米/秒)。但由于月面坎坷不平，加之无线电信号在月地间来往传输的延迟，实际上其运动速度仅达 0.14 千米/小时(约 3.9 厘米/秒)。

"月球车 2 号"也是一辆 8 轮的探测车，图 6-32 是两个轮子的特写镜头。该车由"月球 21 号"探测器携带，于 1973 年降在月面澄海的东部。该车在结构上有所改进，运动速度有所提高，摄影性能有所改善，活动范围比"月球车 1 号"扩大很多，其结构见图 6-33。

"月球车"的车体是一个密封的箱体，充满了氮气，气压维持在正常的大气压标准，钋 210 源提供热量在夜晚保持小车的温度，上面的盖子是活动的，在 14 天的月球夜晚将盖上，起到密封作用，在月球的白天里，盖

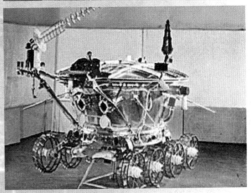

图 6-31　历史上第一辆月球探测车"月球车 1 号"

图 6-32　苏联"月球车 2 号"两个轮子的特写镜头

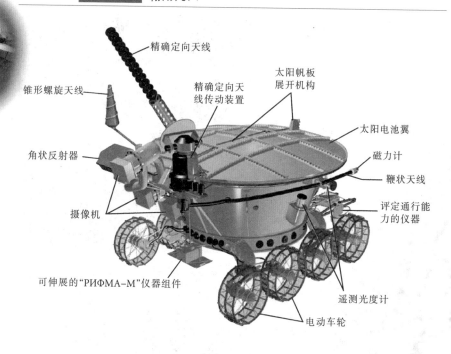

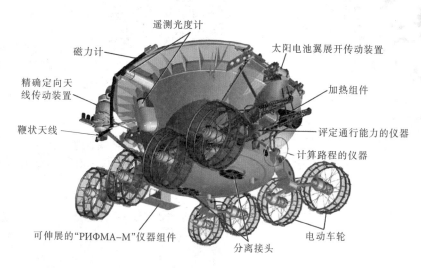

图 6-33 "月球车 2 号"结构示意图。上图为侧视图,下图为仰视图

子打开,上面的太阳能电池将为漫游车供电。在恒温箱里放的是各种电器设备。

"月球车"上装有两种天线,一种是螺旋天线,一种是圆形天线,其中螺旋天线是主要天线,它的方向可以在地面控制,以确保始终朝向地球,通信的方式是直接和地面通信。

车上装备了3台电视照相机,一台装在漫游车之上用于导航,能以不同的速率向地球传回高分辨率的图片,速率分别是每帧3.2秒、5.7秒、10.9秒或21.1秒,在车上安装了4个全景相机,全景相机的测试范围是水平方向360°,垂直方向30°。这些相机的目的是用来向地面传输导航图像和电视图像的。

漫游的控制方式是由地面工作人员控制的,5个人组成的地面工作小组根据图像来控制月球车,其中有一个人的任务负责控制螺旋天线的方向,使螺旋天线始终朝着地球的方向,来保证系统和地面通信的顺畅。

履带式探测车

目前,关节履带式结构的研究现已比较成熟。图 6-34 所示的"履带 1 号"是全俄运输机械研究所研制的履带式探测车。该车结构设计紧凑,动载荷较小,有较强的地形适应能力。原型测试表明该车具有较强的移动性能。美国遥技公司(Remotec)的"安德罗斯马克5A"(ANDROS Mark V-A)机器人(前后有摆臂)、法国阿尔斯通公司的"拉米"(RAMI)机器人(前后有摆臂)等,均采用关节履带式移

图 6-34　俄罗斯研制的
履带式探测车"履带 1 号"

动系统。

腿式探测车(机器人)

美国的卡内基梅隆大学开发了有缆式八腿探险机器人"但丁号"(Dante,图6-35)和"但丁2号"(DanteⅡ,图6-36)。"但丁号"宽2米,高3米,重400千克,于1993年1月对南极的埃里伯斯火山口进行了探险,为进一步开展星球探测奠定了基础。"但丁2号"为"但丁号"的改进型,于1994年7月至8月对距安克雷奇145千米的斯珀火山进行了考察,传回了各种数据和图像。"但丁2号"采用4倍缩放仪腿式结构,速度1米/分钟,步长1.1米,最大可跨过障碍为1.27米,最大单步转弯11°。

美国卡内基梅隆大学也研制了新型腿式探测机器人"安布勒"(Ambler)。该探测机器人采用正交腿结构,正交腿由在水平面内运

图 6-35　美国研制的"但丁号"
八腿探险机器人

图 6-36　美国的"但丁2号"
八腿探险机器人

动的旋转杆和在垂直平面内运动的伸展杆组成。伸展杆采用被动脚并能独立调节，使其本体在复杂地形中始终保持水平姿态。"安布勒"的质量为 3180 千克，高 4.16 米，可爬越最高 1.9 米的台阶，跨越最宽 1.5 米的壕沟，爬上最大 30°的斜坡。由于"安布勒"的体积和质量均较大，最终未被行星探测计划所采用。

其他形式的探测车

　　针对某些行星的微重力特性，世界各国相继开发了一系列特殊移动形式的行星探测车。图 6-37 所示的"样车 м 号"(Проп-м)是苏联"火星 3 号"和"火星 6 号"计划的一部分，该车质量为 4.2 千克，用步行—雪橇式系统爬行。苏联的"火卫一 2 号"飞船携带的跳跃器 (hopper) 是 20 世纪 80 年代末开发的，该车通过弹性装置进行跳跃式前进，适合在低重力环境下运行。

　　此外，日本的空间和宇航科学研究所研制了一种可在月球或行星表面长距离行驶并进行科学探测的子母车，如图 6-38 所示。

图 6-37　采用步行—雪橇式系统爬行的行星探测车"样车 м 号"

图 6-38　日本空间和宇航科学研究所研制的子母车：上图是母车，下图是子车

母车在较平坦的地域行驶,子车在较复杂的地域行进。当遇到凹凸不平的地域和悬崖边时,子车就与母车分离,通过子母车合作来完成复杂地域的移动和科学探测,因而具有较强的地形适应能力。

目前瑞士正在设计一种球状火星探测装置,这种装置可在火星表面借助风力自由滚动。在温度较高的白天,将呈平面形状,以便内部的太阳能传感器研究火星地表。夜晚,它又自动恢复原有形状,在火星表面自由滚动,随时测量火星上的风力,勘测其表面地形,以选择合适的太空探测器着陆点。

月球软着陆探测是轨道探测的深化,又是取样返回探测的前奏,起着承前启后的重要作用。月球软着陆探测的实现,是航天技术的一次跨越。

第七章　月球自动取样返回探测

什么是自动取样返回

实现自动取样返回,是地外天体探测的最高阶段,是进一步研究天体特性的重要手段。获取其他星球的样品是人类梦寐以求的事情,在历史上只有苏联成功实施了3次无人月球自动取样返回,共获得约300克月球样品。

月球自动取样返回探测,是指航天器自主在月面采集月壤及月球岩石的标本,妥善封存后,运送回地球,供科学家们进行进一步的分析化验,以获取更精细的科学成果。这种方式,比人类亲自登上月球进行探测要经济得多,风险小得多,同时又可以使科学家接触到第一现场,因此在人类对外星球的探测历史上占有极其重要的位置。自动取样返回的实现,还可以试验大量技术,为人类登月及安全返回奠定技术基础。

月球样品的自动取样返回,技术难点主要表现在以下几方面:

(1) 为实现在月表取样,必须确保月表软着陆成功,同时采样探测器能在月面正常工作。因此月表软着陆是取样返回的必要基础。

(2) 着陆后,着陆器或月球车上的科学仪器对着陆区进行探测。而采样探测器,对着陆点附近的月球样品进行选择分析,收集有价值的样品,因此,它需具备钻孔、就地分析、样品的抓取和收集等能力,并能将收集到的样品储存在样品保存容器中。

(3) 返回舱中的样品保存容器获得样品后,上升舱将从月面起飞,最终将它送入再入轨道。上升舱在月面点火时,没有精确姿态的

发射塔来保证发射状态,只能借助着陆器作为简易发射塔来实施月面起飞。但受月面地形条件等限制,着陆器所提供的起飞条件不一定完全满足最佳的发射要求。因此需要返回器具备一定的轨道和姿态修正能力,同时需要制导导航与控制系统、推进系统和测控通信系统来配合,才能进入正确的月地转移轨道和地球再入轨道,确保回收舱着陆地表的预定区域。

(4) 在月地转移轨道,一般需根据飞行情况和测控条件,进行一定的中途轨道修正,以保证回收舱在飞越 38 万千米的距离后能正确再入地球大气层。

(5) 回收舱再入地球大气层时的轨道、速度和姿态决定着地表着陆地点,在充分继承我国返回式卫星返回轨道设计与控制的基础上,还需考虑月球返回轨道的特点,并进行相应改进。我国可选择利用的着陆区域不是很大,因此必须提高落点的精度。

(6) 回收舱在再入地球时,其再入速度可达到 11 千米/秒左右,比地球轨道返回卫星的再入速度大,因此再入时的最高温度将达到约 10 000℃。这对气动防热烧蚀材料的选择、气动外形的设计提出了更高要求。

(7) 月壤样品的封装、标识、储存、防护等。月球上的岩石、月壤等样品是在月球的真空环境下存在的,而地球是一个有大气的环境。因此,对采集到的月球样品要进行很好的封装、储存和防护,一方面避免在返回过程中再入大气层时被气动热破坏,一方面避免样品与地球的空气接触,改变了其原有的物理特性。

自动取样器

为了实现在月面自动取样,需要可以适应月面环境的取样器。

苏联早期自动取样使用的是钻式取样器,钻取了月面下 35 厘米左右深处的月壤。其主要功能包括:

• 钻探月壤;

● 在不破坏层理的情况下形成月壤样品(不混合月壤层);

● 把月壤样品装载到返回舱专门容器内,运回地球。

月壤取样装置外观如图 7-1 所示,其主要部件见图 7-2。

月壤取样装置包括:钻头、带柔性取土器的柱形钻探器、把钻探器输送到工作面的机构、用于固定所有执行机构的承力桁架、把柔性取土器装载到返回舱舱内的机构、控制组件、执行机构工作参数检测传感器、星载电缆网等。

传动装置的钻头保证柱形钻探器的转动和冲击旋转运动,可钻探多石月壤和颗粒状岩石。

钻探器用于破坏岩石并且选取柱形样品。压碎土壤借助带有硬"牙"的两级钻头实现。钻探器的管壁上有专门的带子,它们能够从管外部拉伸到内腔并且随着钻探深度包住柱形月壤。在金属钻管出口处有外部软管(柔性取土器),包住岩石的带子拉伸到这里。柔性取土器用于装载月壤样品,目的是从钻探器取出月壤并装载到返回舱。

图 7-1　苏联"月球 24 号"探测器的月壤取样装置外观

钻探器移动以及把它压紧到工作面借助传送机构进行(利用着陆部件重量),甚至可以在非常坚硬的岩石上采集月壤样本。

带有钻探设备的桁架从侧面固定在月球着陆器的三个点上。桁架的基础是两个导轨,带钻探器的钻头借助传送机构和绳索系统在导轨上向下运动。

随着钻探加深,钻探器获取的月壤逐渐进入钻探器内部的带子中,并保持层理不变。月壤通过带子进入上部的柔性取土器中,取土器缠绕到转载机构的滚筒上。钻探和缠绕结束后,连接滚筒与传动装置的锁定机构释放,将

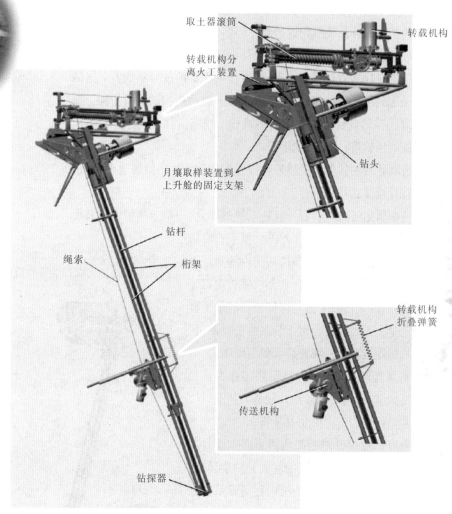

取土器滚筒

转载机构

转载机构分
离火工装置

钻头

月壤取样装置到
上升舱的固定支架

钻杆

绳索

桁架

转载机构
折叠弹簧

传送机构

钻探器

图 7-2 苏联"月球 24 号"探测器使用的月壤取样装置主要部件图

　　带有月壤的滚筒推入返回舱内。然后,爆炸螺栓解锁,抛射开传动机构,关闭并密封返回舱舱盖。为避免干扰上升舱起飞(图 7-3),安装有其余机构的桁架倒向月面。

　　"月球 24 号"的月壤取样装置钻探深度超过 2 米。取出高为整

个深度、质量为 170 克的柱形月壤,并在不破坏层理的情况下运送
回地球(图 7-4)。

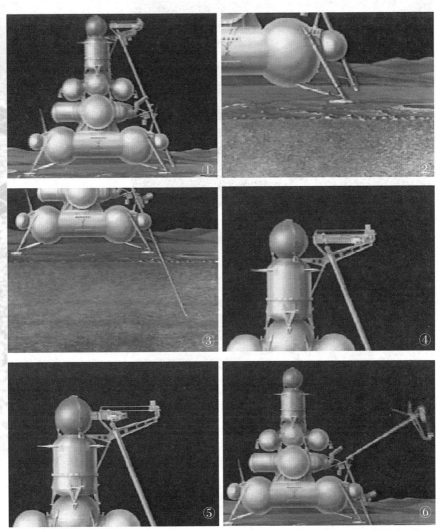

图 7-3　苏联早期自动取样装置对月壤采样的主要操作图:①探测器着陆在月面,
②钻探器接触月面,③钻探器开始探入取样,④月壤通过柔性取土器输送到滚筒,
⑤带有取土器的滚筒送入返回舱,⑥返回舱在月面起飞准备返航

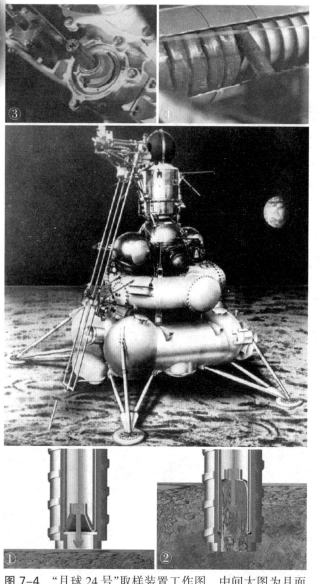

图7-4 "月球24号"取样装置工作图。中间大图为月面取样探测器全貌，其余诸图为：①钻探器压紧到工作面，②选取柱形样品并把它包装到柔性取土器，③从钻探器中取出取土器，④取土器缠绕到滚筒上

近年来，人们又研究了新型的地外天体表面取样装置（图7-5），它们比先前的设备更灵活、更精细，可以根据需要更好地获取样品。

回家的路

从月球返回地球，主要有两种方式：

（1）直接从月面返回地球

这种方式月面探测器选择合适的时机在月面起飞，沿瞄准地球的轨道加速到脱离月球的速度后进入月地返回轨道，在接近地球时实施制动减速，然后进入地球大气层，最终着陆在地球表面（图7-6）。苏联的三次成功取样返回都采用了这种方式。图7-7是返回舱着陆

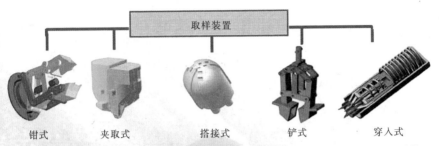

钳式　　　　夹取式　　　　搭接式　　　　铲式　　　　穿入式

图 7-5　新型的地外天体表面取样装置

地球结束阶段的示意图。

　　这种方式对月面起飞时刻、进入月地转移轨道时的速度与位置等要求较严,对控制系统也有更高的要求,但所需的燃料较少。令人

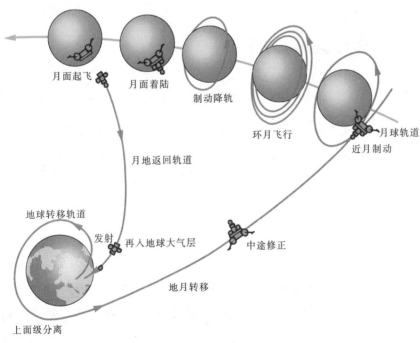

月面起飞　　月面着陆

月地返回轨道

制动降轨

环月飞行

月球轨道

近月制动

地球转移轨道

发射

再入地球大气层

中途修正

地月转移

上面级分离

图 7-6　苏联月球自动取样任务所采取的飞行方式示意图。探测器完成登月任务后直接从月面返回地球

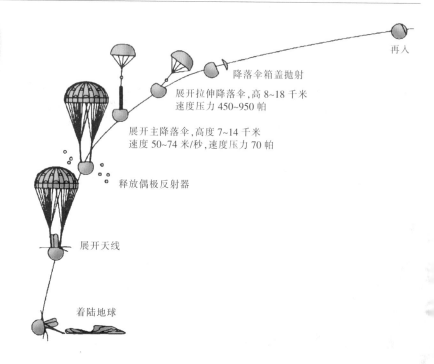

再入

降落伞箱盖抛射

展开拉伸降落伞,高 8~18 千米
速度压力 450~950 帕

展开主降落伞,高度 7~14 千米
速度 50~74 米/秒,速度压力 70 帕

释放偶极反射器

展开天线

着陆地球

图 7-7　苏联的月球取样探测器返回舱着陆到地球表面的各个阶段

佩服的是,苏联实现的取样返回探测中,月地轨道并没有进行任何中途修正,而最终返回着陆点竟全部落在了苏联本土(图 7-8)!这说明其月地返回轨道的设计与控制是非常精确的,显示了高超的技术实力。

(2) 先进入环月轨道,再择机加速进入月地转移轨道

这种方式与阿波罗载人登月飞船返回的方式一致,从月面起飞时机和落点精度控制方面看,要优于直接从月面返回地球。探测器在月表着陆后,受月表地形的影响,着陆器不一定能保证上升舱的起飞姿态要求,如果直接飞回地球,则可能落点偏差很大。如采用起飞后先环月的方式,则可以在环月轨道上修正起飞误差,并寻找适当的时机开始向地球飞行,可大大提高返回的落点精度。在月地飞

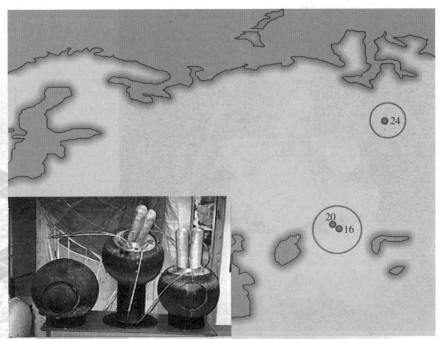

图 7-8　"月球 16 号"、"月球 20 号"和"月球 24 号"的着陆点,左下角是返回舱照片

行过程中如能根据飞行的情况进行一至两次中途修正,则可进一步
提高返回精度,但为此需增加对制导导航与控制系统、测控系统和
推进系统的要求。

取样返回探测器

为实现月球样品的自动取样返回,探测器至少应由着陆器、上
升舱和回收舱组成。着陆器保证探测器系统在月面安全着陆、获取
月球样品,上升舱携带月球样品从月面起飞、加速后进入月地转移
轨道,在接近地球时实现制动,回收舱与上升舱分离,再入地球大气
层。经大气减速后,在一定高度展开降落伞,回收舱降落到地面。回
收舱主要包括承力结构、热防护层、样品容器、降落伞系统及无线电
天线等,保证把月球样品送回地球预定地点。

图 7-9 苏联的 "月球 24 号"全貌

　　苏联在进行一系列月球探测任务时，很好地实现了模块化、通用性的设计思路。其着陆模块既可用于运送月球车执行巡视任务，又可用于取样返回任务。苏联的"月球 16 号"、"月球 20 号"和"月球 24 号"(图 7-9)成功实现了 3 次自动取样返回。

　　"月球 24 号"由两个舱段组成：

　　●轨道着陆平台，带有环形仪表舱和月壤取样装置的校正制动组件(带有飞行和着陆月表保证系统的校正制动发动装置)；

　　●上升舱，包括发动机装置、仪表舱和返回舱。

　　"月球 24 号"装备有星载无线电系统设备、天体定姿系统设备、控制系统设备、发动机装置、供电系统、热控系统、月壤取样设备等。"月球 24 号"在整流罩中发射状态如图 7-10。

　　图 7-11 是"月球 24 号"着陆器构型图。"月球 24 号"的软着陆平台与运送月球车到月球的着陆平台采用了通用化的设计思路，区

图 7-10 运载
火箭上的"月球
24 号"配置图

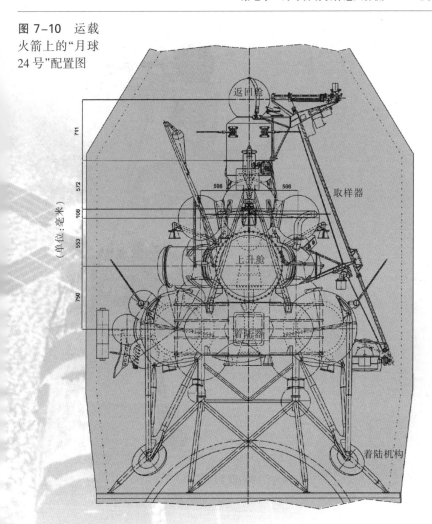

别于"月球 21 号","月球 24 号"轨道着陆平台作了如下改变：

- 补充安装环形仪表舱；
- 取消用于月球车下降的舷梯；
- 在校正制动组件上安装 4 副米波鞭状天线；
- 在环形仪表舱上安装分米波锥形天线；
- 软着陆保证系统设备中取消了小高度测高计；

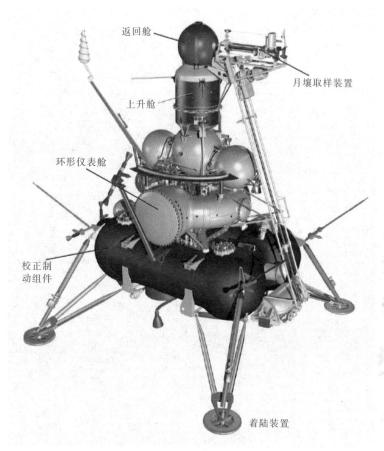

返回舱

月壤取样装置

上升舱

环形仪表舱

校正制
动组件

着陆装置

图 7-11 "月球 24 号"着陆器构型图

　　●安装了月壤取样装置。

　　"月球 24 号"的上升舱由下列主要部件组成(图 7-12)：

　　●发动机装置,它保证从月表起飞,并且使它达到月地轨道变轨必需的速度；

　　●仪表舱,舱内安装保证起飞、发动机助推和助推结束时使它进入计算点的设备(保证进入地球指定区域)；

　　●带设备的返回舱,这些设备保证航天器在地球大气层的再入以及着陆在地面或者水上,并且提供用于搜索的信号。

发动机装置储箱组件和仪表舱构成上升舱的主承力结构。储箱组件上部有三个固定上升舱仪表舱的接头。返回舱用拉紧带固定在上升舱仪表舱上部,这些拉紧带彼此用展开部件连接。按照无线电指令起爆爆炸螺栓,结果使拉紧带释放,并且借助弹簧推杆使返回舱与上升舱分离。

上升舱装备有星载无线电系统、控制系统设备、发动机装置、供电系统和电自动装置、 被动热控系统、分离系统、保

图7-12 "月球24号"上升舱组成图

证返回舱在地球大气层中的下降和着陆后对其进行搜索的设备。

返回舱外壳是球形密封焊接壳,由镁合金制成,外部由隔热层防护。外壳中间焊接一个容器,用于放置带柔性取土器的管子。外壳内有固定降落伞舱外壳法兰的隔框, 它同时保证返回舱的密封性(图7-13)。

外壳沿隔框覆盖降落伞舱盖。舱盖借助两个热推杆固定到降落伞舱。

返回舱内分布下列系统设备,这些系统保证返回舱再入地球大

信标天线

伞舱盖

再入大气
层烧蚀后
的返回舱

图7-13 "月球24号"返回舱全貌图

气层并且在着陆后对其进行搜索：发射机、供电组件、压力继电器、天线转换器、3台冲击自锁传感器等。

爱肯盆地取样返回计划

美国曾经公布了一个到月球南极取样的"爱肯盆地取样返回计划"的技术方案概貌。

这是一项月球取样返回任务，飞行器将着陆于月球背面的爱肯盆地，选择约3千克的1~4厘米大小的石块和0.6千克的风化层土壤运送回地球。由于从地球无法看到着陆点，因此需要一个通信轨道器将着陆器上的数据传回地球。

此外，着陆器也必须在月球白天着陆月表。地球再入器将携带月球样品返回地球，并在太平洋海域进行回收。

该计划的轨道设计有其独特之处。该轨道在地月系的拉格朗日点 L_1 和 L_2 处采用晕圈轨道。轨道器与着陆器的结合体一起被发射到 L_1。在 L_1 处，着陆器开始奔向月球，轨道器则奔向 L_2。着陆器在爱肯

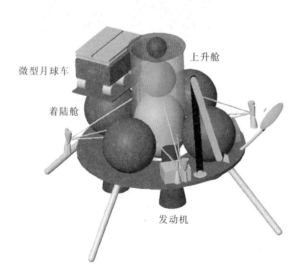

微型月球车

上升舱

着陆舱

发动机

图7-14 "爱肯盆地取样返回
计划"的月面着陆器示意图

盆地着陆,轨道器到达 L_2 同时进入晕圈轨道(半长径 3.5 万千米,半短径 1.5 万千米),并将着陆器上的数据中继回地球。

从爱肯盆地返回至地球的轨道中, 发射仰角和方位角分别为 33°和 296°。在 125 千米高度再入地球的坐标是−17°,其经度和纬度取决于爱肯盆地的发射时间。大气再入速度是 11 千米/秒。返回轨道对速度误差非常敏感。3 米/秒的速度误差所产生的再入位置误差将达到 3°左右。0.1°的速度矢量角误差将会在再入位置中产生 1°的误差。由于其敏感性,返回上升舱需要进行一定的速度矢量控制。

探测器系统由多个部分组成,它包括一个中继轨道器、一个着陆器(图 7-14)、一个月面上升舱(LAV)、一个地球再入器(EEV)和一个月球车。轨道器和着陆器一起发射,后者将提供进入地月 L_1 点的速度增量。月球车将选择和收集月球样品,着陆器上有一个机械臂,作为收集月球样品的备份手段。由于该任务的工作期是在月球白天,所以着陆器和轨道器的主要能源是太阳能电池阵。着陆器上有一个两维转向高增益天线(HGA),轨道器上有一个固定指向的高增益天线。月面上升舱和地球再入舱都将使用蓄电池。整个飞行过程为:

(1) 发射　发射至巡航轨道,以便进入地月 L_1 点。

(2) 转移至 L_1 点　着陆器的推进系统将着陆器与轨道器的结合体送入 L_1 点,需要 5 天的转移时间。

(3) 轨道器转移进入 L_2 点　分离 18 天后,轨道器转移进入地月 L_2 点,着陆器转移进入一个月球着陆轨道。

(4) 下降和着陆　分离 3 天后,着陆器转移进入月球着陆轨道;6 天后,它将着陆月球。

(5) 月表科学研究　月球车展开并进行样品收集(着陆器上有一个机械臂作为收集月球样品的备份手段);将月球样品转移至地球再入舱,该装置位于月面上升舱的顶部。

(6) 在月球表面停留 12 天

（7）月面上升舱起飞并向地球返回　月面上升舱起飞直接进入地球再入轨道；地球再入舱分离，并降落在太平洋海域；起飞7天后返回地球（图7-15）。

该计划的各任务系统可概述如下——

● 发射的运载火箭为"德尔塔4450"。

● 系统的设计寿命为56天。

● 轨道器的指向控制为360″（由遥控控制），着陆器的指向控制为360″（由遥控控制），月面上升舱的指向控制为360″（由轨道要求控制）。

● 月面上升舱、着陆器和轨道器各由相应的推进系统控制轨道机动。

● 通过星上推进器实现和保持三轴姿态稳定。

● 月面上升舱将用蓄电池供电。着陆器和轨道器主要使用三结砷化镓太阳能电池阵和锂离子电池。

图7-15　"爱肯盆地取样返回计划"想象中的一幕：月面上升舱已经起飞，蔚蓝色的地球正高悬在月球的天空中

• 科学数据量约为 7.5 吉比特。

• 月面上升舱将使用一个简单波束发射器。从月球车和着陆器至中继轨道器的数据率为 181 千比特/秒，着陆器有一个 30 厘米的高增益天线，轨道器上有一个固定的 1.5 米高增益天线，通过 X 频段实现这个链路。轨道器将使用它的低增益天线，通过 X 频段，向地面实现 198 千比特/秒的下传数据率。着陆器和轨道器也将配备一个特高频电子系统，主要用于着陆器从轨道器上接收命令。

• 热控调节主要通过被动系统和电加热器实现。

• 地球再入舱重约 31.4 千克，此外还要加上约 0.6 千克的 X 频段发射器。

• 原先考虑使用轨道器的推进系统将轨道器/着陆器的结合体送入 L_1 点。但这样的入射速度需要较大的速度增量和大量的推进剂，因此决定使用着陆器上双组元推进剂模式来实现这个入轨机动。

• 为了简单和高可靠性，以及制导要求，考虑为月面上升舱配置单推进段的固体发动机。

爱肯盆地取样返回探测计划在充分继承前期月球探测技术成果的基础上，进行了较详细的方案设计。但目前此计划尚未进入工程实施阶段。

取样返回探测是人类获取外星球物质的必要手段。通过对这些样品的实验室研究，大大提高了人类对宇宙的科学认识，同时全面提升了航天技术水平。因此，自动取样返回探测是人类实现地外天体无人探索的最好途径之一。人类目前已经实现了月球及彗星的取样返回，正在准备进行小行星和火星等取样返回探测。

第八章　月球探测的未来

　　月球是一个具有丰富资源和能源的宝库。人类开展月球探测，最终目的是为了开发利用月球的资源与能源，为人类社会的可持续发展服务。在地球资源日益匮乏、地球环境不断恶化的今天，人类已经开始了向太空移民的准备。载人登月，建立长期自主运行的月球基地，将是未来必然的发展方向。"嫦娥奔月"将不再是传说，中国宇航员登上月球的那一天正在向我们稳步走来！

建立月球基地

　　无论是无人探月还是载人登月，都难以实现在月面的长期工作，也就难以实现对月球资源与能源的全面开发和利用。于是人们提出了在月球上建立月球基地的想法。

　　通常所说的月球基地有两种：

　　●无人月球基地　能够通过机器人的工作实现对月球及其环境进行长期科学探测、资源利用及移动运输等活动的，可重复使用的，可扩展的月表和环月探测平台。

　　●有人驻守的永久月球基地　在月球表面建立与南极科学考察站类似的基地，包括生活区、能源系统和通信系统，可供航天员生存并开展各种长期试验的固定基地。

月球基地发展途径

　　月球基地的建设和开发是一个逐步发展的过程，它与国家的经济实力、发展战略、航天技术水平等紧密相联，一般可分为三步：

第一步,建立无人月球基地　利用月球多用途基地舱对月表及浅层进行探测、研究和实验;利用轨道飞行器、着陆器和巡视器勘察前哨站周围地区;利用各种小型观测台开展天文学和地球观察;利用小型试验性装置从月球土壤里提取水、氧和氮;试验溶液食物生产;试验月球资源开发技术等。

第二步,建立有人半永久性月球基地　由多用途基地舱、专用设备舱、大型观察台、科学实验室和工厂等组成(图8-1)。各舱、室、工厂之间有通道互连,各基地之间有月球车或电气铁路互连。由火箭推进的大型月球飞行器能对全月球进行飞行考察。该基地能进行太阳系和恒星系统观察、地球观察、天气监视、行星际跟踪和通信、溶液食物生产、金属原材料试验性提取、月球飞船和星际飞船的发射与维修,以及推进剂生产等。

第三步,建立有人永久性月球基地　除半永久性基地设施外,还能进行金属和非金属矿物资源的开采,有冶炼设备、设备制造厂、农业工厂等公共服务设施。同时建立较完备的可供人类长期生存的生命保障系统,包括水、氧气的获取,食品的制备,废物的处理等。建立的月球港将用于地月之间、环绕月球和太阳系航行。永久性月球基地将是人类新的侨居地,可以容纳成千上万的人在那里长期工作、生活,地球上的人们亦可以去月球

图8-1　想象中的月球基地:宇航员在工作

基地旅游。

目前,较现实可行的还是建立无人月球基地。这有以下多项优点:

(1) 费用比建立有人月球基地低廉;

(2) 风险较小,无人员生命安全问题,不需要生命保障系统;

(3) 建设可用机器人完成;

(4) 设备比有人月球基地简单,难度和复杂度低;

(5) 执行单程任务,不必返回地球;

(6) 工作范围大,工作时间长,可以连续工作;

(7) 与人相比,可以携带较多的设备和物品;

(8) 可在危险的环境区域工作;

(9) 零件可以重复使用。

下面主要介绍无人月球基地的概貌。

无人月球基地任务要求

重返月球,建立月球基地已成为国际深空探测的热点。建立无人月球基地的目标可分为如下几类:

(1) 科学探索和研究

人类重返月球,并建立永久月球基地,可以建立像南极科学考察站那种类型的永久研究站,进行太空生物学、地质学、天文学、物理学、月球环境学和月球能源开发与利用等方面的科学研究。

(2) 开发和利用月球资源

当今国际上重返月球的主要目标之一是开发和利用月球资源。由于月球是距离地球最近、人类研究程度最高的地外天体,随着航天运载技术的提高和运输成本的降低,以月球基地为基础,在月球上寻找和开采各种有用的矿藏(如铁、钛、氦 3 等),当可用于解决地球能源和矿产将要枯竭的燃眉之急。

(3) 通信中心和观测平台

月球基地还可能成为太阳系航天活动的通信中心。同时,月球是一个理想的天文观测站和地球监测站,月球基地可以持续进行14个地球日的夜间观测。月球表面没有大气,夜间温度低且稳定,地质状况稳定,这些都对提高和扩大天文观测的精度和范围非常有利。因此,在月面建立观察网不但可以进行全方位持续的天文观测,同时可以对地球的地质构造及环境变化进行监测与研究,特别是监测可能对地球构成威胁的近地空间乃至深空小天体。

(4) 星际航行的中间站

月球是星际航行理想的中间站,月球天然的环境条件有利于星际飞船从那里起飞。也可在月球上建立航天港,在月球上建立工厂,利用月球资源生产星际飞船推进剂,在月球上组装和维修各类星际飞船。

(5) 生产基地

以月球基地为基础,充分利用月球的各种优势(如高真空、弱重力场、没有偶极磁场等),生产各种新材料和产品,如生物制品等。

(6) 拓展外空间试验场

在月球上建造一个拥有发电、通信等多重功能的太空基地,为以后把人类送上火星做准备。以月球基地的实践为基础,积累如何改造月球使之适合人类居住的经验,为人类改造火星或者其他星体奠定坚实的基础。

无人月球基地的建设步骤

建设无人月球基地一般可分为4个阶段:

第一阶段为勘察阶段。通过绕月探测、着陆探测、巡视探测和采样返回探测等活动,对月球进行全面的、详细的勘测,确定月面资源分布,为月球基地选择最佳地点。

第二阶段为基础建设阶段。将向月球运送基建设备,利用空间机器人从事月球基地基础建设。

第三阶段为组装阶段。运输月球基地相关组成部件,运用月球机器人进行对接和组装,构建月球基地。

　　第四阶段为开发利用阶段。通过建立月球资源利用实验室或小型工厂,开采利用月岩中氧、铝、铁、钛、硅等资源,制取生活用氧及月球基地所需的金属、玻璃等原材料,为建设有人驻守的永久性月球基地奠定基础。

建立月球基地的工程约束和要求

　　月球基地建设和开发的时间、规模、能力与以下工程约束和要求有关:

　　(1) 构建月球基地的目的

图8-2　想象中的月球基地构建图

　　构建月球基地的目的,决定了基地可提供的服务。着重针对在月球上建立天文观测基地、对地球观测基地、深空探测基地、新材料研制与生产基地等不同需要,决定了月球基地的选址、构型、用途和构建模式等(图8-2)。

　　(2) 月球基地度过月球昼夜的能源需求

　　未来的月球基地对能源的需求是非常大的,如何确保月球基地的能源也是一个不容忽视的问题。因月球自转的原因,只有在月球南北极地区才能始终利用太阳能电池板获取太阳能,此外,也可考虑使用核能装置来长期提供稳定的能源,特别是为在极区以外的地点建立的月球基地在月夜期间提供能源。

(3) 地月及月表运输的需求

由于月球的特殊环境,月球基地建设初期,所需要的基地设备,如多用途基地舱、专用设备舱、科学实验室,材料、电源、生活设施、食品、交通工具等均由地球上生产制造送往月球,这样成本较高,所以需要有多次重复使用、运输成本低廉的地月往返运输系统。随着月球基地的建设和发展,随着月球资源的开发,月球基地所需要的一切东西逐步由月球基地生产制造解决,最后完全走上自给自足的道路。同时,为开展月表活动,还需要月表运输能力,有必要研究新型的运输工具。

(4) 宇宙辐射防护需求

月球基地及其月表运输系统都将面临着遭受过量辐射的问题。太阳风暴以及宇宙射线风暴常常会持续数日之久,对基地设施将造成损伤。因此,必须加强预报太阳风暴等太空天气的能力,发生太阳风暴时,基地将采取建设地下掩体等特殊措施进行防护。

(5) 度过月球昼夜的热控要求

月球表面的温度在-183℃到127℃之间变化。这种温度的急剧变化显然和地球的环境相差太远。因此,可考虑将月球基地的探测主体建在月表地下,同时利用加热设备提供稳定的温度。

(6) 施工建设及资源获取

研究适合月球环境的机器人建设施工技术,月球岩土和月球结构工程技术、以及就地利用月球资源的需求对月球基地的选择和构建的影响。

(7) 对机器人操作和维护的通信需求

对月球基地的机器人、设施和设备进行遥操作和维护,需要实时或准实时的通信链路保障。

(8) 可能的水源问题

水在月球基地中的用途有四个方面:人员饮用、种植植物、制造空气和火箭燃料以及防止太阳耀斑辐射。开采月球永久阴影区可能存在的水和将月球上丰富的钛铁矿用氢还原来制取水是目前可采取的两种方法。

(9) 设施和设备的设计寿命

空间辐射和月表恶劣环境会对机器人、设施和设备产生负面影响,而且机器人和设备的运转也会造成损耗,通过机器人对设施和设备进行维护,可以延长月球基地的设计寿命。

(10) 产品的加工制造需求

通过利用月球的特殊资源和环境进行产品的生产和制造、高技术研究和科学实验,将是月球基地价值的重要体现之一。

月球基地的选址

要在月球表面建立基地,以供人类进行长期的科学实验,首先要选择一个最佳地点,建立月球基地,然后才能进行各种工作。月球基地的选择不仅仅取决于建基地的目的,而且受限于基地运行的各种因素。在选址的过程中,必须了解月球表面的残酷条件,对比不同地区的条件差异。应考虑如下因素:

(1) 地形地貌因素 包括撞击坑的密度,月球岩石的密度、大小和移动情况。月球基地附近比较平坦,有利于月球飞行器的着陆和起飞。

(2) 能量来源问题 应能提供充足的能量来源。在月球上有充裕的太阳能,也具有充足的核聚变燃料氦3。建立月球基地,可以充分利用这些能源,能够接受外部输送过来的能量。

(3) 通信问题 月球基地必须与地面进行方便的、可靠的、不间断的通信,以便地面人员能够随时了解和遥控月球基地。

若在月球正面或月球极区建立月球基地,可直接对地通信。通信时间与测控可视弧段相关。

若在月球背面建立基地，可采用一颗绕着拉格朗日点 L_2 飞行的中继通信卫星，保障月球基地的通信。

(4) 解决水源问题 根据"克莱门汀号"的探测结果，月球南极地区的永久阴影区里面可能存在着水冰，可能是彗星撞击月球后留下的，但是它们大多混杂在月壤里，很难从这些月壤里面提炼出来。而利用钛铁矿进行水的生产，不仅可以得到水，而且可以获得生命保障的氧、氮等元素，而且成本低，技术难度小。因为钛铁矿在月球正面的月海盆地中大量富集，因此，水源问题对月球基地地址的选择影响并不大。

(5) 资源开采的便利状况 月面下蕴藏着丰富的矿产资源，建设月球基地应考虑在主要的矿产资源附近，以便于将来开采和利用，同时有利于将来建造月球工厂。

(6) 宇宙辐射的强度，遭遇流星体撞击的概率大小

(7) 月球基地附近的月表温度变化情况，对热控的要求

(8) 科学研究问题 是否有利于将来开展天体物理学、天文观测等研究。

(9) 能够接受基地外部输送过来的能量

(10) 能否建造核电站，提供稳定的电源

月球基地工程系统

月球基地的组成

月球基地的具体组成，主要有以下 6 大系统。

(1) 地月空间运输系统 是指地面和地球轨道之间、地球轨道和月球轨道之间、月球轨道与月球基地之间的运输系统，由运载火箭和空间飞行器组成，承担着在月球基地和地球之间进行物资交换的任务，能够将地球上的物资安全送达月球基地，还能以月球基地作为发射平台，将有用的样本或物质形态的成果运送回地球。

（2）月球基地中心站　建立在月面固定位置,既是月球基地的功能中心,承担主要的探测、资源开发工作,又是天地运输的中转站和枢纽,起着地面与月球基地相联系的作用。中心站具有——

为月球基地提供合适的工作环境的服务设备舱；

开展月球特殊环境下的各种科学试验的实验舱；

开展月球资源和能源提取、合成等的设施；

开展月表环境监测(包括月震、月面辐射特性、微流星、太阳风等)、月球天文观测以及地球环境的月基监测等探测活动的舱外科学观测设施；

储藏舱；

进出舱体和对接的连接舱；

热控系统:为月球基地和设备提供热控,满足其需求；

通信和导航系统；

防护系统:为月球基地提供真空辐射和微陨石/微流星体防护；

维护和修理设施。

（3）月面运输系统　包括月球车、月球铁路、气动传输系统和机械弹道运输系统等。作为固定月球基地中心站的补充和扩展,能够按指令要求往返于中心站及其附近区域,从中心站获得任务指令、获取相应的资源并进行维护,移动后按要求独立开展月表物质取样、发掘等活动,或与中心站联合开展月球、地球以及天文观测,将获取的数据返回中心站或地球,并携带所获取的物质返回中心站,以供进一步试验或提取矿物和能源。

（4）月球轨道服务系统　运行于月球轨道上的卫星星座,能够为未来建立于月球背面的无人月球基地提供通信中继与全球导航等服务,扩展月球基地所在的区域,更全面地开展探测活动。与月球基地中心站、月球车天地配合,协作探测。

（5）能源系统　为月球基地提供电力。月球基地的发电方式主要是利用太阳能、核能。如果利用核能发电,还要考虑辐射的问题,且必需远离基地主体。如果采用太阳能,则必需考虑月尘的遮蔽和腐蚀。

(6) 发射和着陆系统　包括起飞/着陆平台、辅助导航、推进剂储存、辅助设施和载荷装载/装卸等。

月球基地工程系统功能

月球基地工程系统的功能包括基础功能和应用功能两大部分。

(1) 基础功能　包括——

构筑和维护作用,包括构建、扩展和维修设施和设备;

货物的月表运输;

设备和过程控制;

能源;

热控;

月球着陆场服务(为地月空间运输系统),与地球之间接收/输出物资;

储藏;

内外部通信服务;

数据处理。

(2) 应用功能　包括——

科学研究:使用实验室和观测室、可移动的研究设备和组件化、分系统、系统测试设施进行科学探测和试验活动。

资源开发和利用:矿物开采,月壤和矿物利用,气体、原材料和给料的生产,金属制品和非金属制品的生产。

技术开发、生产与应用:高科技的研究,月球基地结构件的生产,推进剂生产,系统集成,输出产品集装、能量输出。

建设月球基地的关键技术

建设月球基地需要妥善解决一系列的技术问题,其中的关键技

术包括——

(1) 总体方案设计与优化　通过月球基地的任务需求分析,明确对月球基地的要求,从而论证确定总体方案,明确总体技术指标。其中包括月球基地的组成、总体构型需求、总体技术指标分析、各系统技术指标分析和相互接口关系等。

根据月球基地的任务需求,分析各种总体构型,比较其对各类需求的满足程度,经过优化设计,从而确定最终的月球基地构型方案。

(2) 月球基地构建技术　开发适合月球环境的机器人建设施工技术、月球建筑材料加工技术以及研究月球岩土和月球结构工程技术,是月球基地建设的重要研究方向。

(3) 矿产资源利用技术　包括研究如何进行月球土壤采挖和传输技术,在月球风化层的开采技术等;月球表面的选矿技术研究,包括了选矿原则、工艺方法、技术流程等;氦3的分离、提取技术或方法研究,水资源的利用技术(可能)等。

(4) 高效可靠能源技术　电能是月球开发的基础,只有月球电力的供应充足和持续,月球探测的科学和物质两个方面才可以得到保障。在月球电力供应上有两个方案:核反应堆和太阳能电池。对核电反应堆的设计、试验、制造、安全运输和运行等技术进行研究都非常必要。而太阳能电池受基地所在的纬度、地形、辐照和月尘的影响,对其需要进行长期可靠性运行的研究。

(5) 月球表面运输技术研究　建立一个月表运输系统,完成原材料开采及运输、科学探测、货物运输等,需进行包括月面运输车、月球铁路、气动传输系统和机械弹道运输系统的研究,分析月球环境下各种运输方式的适用范围、用途,成本等,比较各种运输方式,针对月球基地的具体任务提出合理的运输方式备选方案。

(6) 实时通信技术　需进行月球基地内、基地间、月表机动巡视车与基地之间、基地与地球之间、月表机动巡视车与地面间通信的研究,并利用月球资源生产各种典型设备,建立一个星际网络。

(7) 月球基地防护技术　研究长期宇宙辐射下的设备和元器件的防护,以及微陨星和微流星体对月球基地的袭击概率。

月球环境是探测器设计所需考虑的重要因素。月球表面的带电粒子主要包括太阳风、太阳宇宙射线和银河宇宙射线,对航天器表面材料特别是热控涂层及光学表面等造成损伤;月尘是月面探测器所遇到的主要问题之一,月尘会悬浮在数米高度,严重影响仪器和敏感部件的机械性能、热特性和光学性能;月面环境研究的目的是通过对环境及其效应的研究、试验和防护技术分析,提高月球基地的材料、功能部件对月球环境的适应性。

同时,月球没有大气,微小陨石和微流星体会对月球基地造成威胁,通过数值建模和超高速撞击模拟实验进行月球防撞击风险评估和撞击效应研究。采取被动防护的方法,从月球基地的总体设计、防护结构和材料方面着手,降低空间碎片的威胁。

(8) 月表维护和修理技术　由于空间环境的严酷,需要对月球基地及其月表巡视车等设施进行维护和修理,保障月球基地的可靠性,延长使用寿命。

(9) 月表制造加工技术　月球基地建设初期,所有的设施都是从地球运输而来,但随着基地建设的发展,应当考虑月球就地生产,降低成本。如通过冶炼方法生产各种模具和玻璃产品。在月球上获取生产经验后,可以在月球上生产大量的不同产品和工具,如用月球机器人生产机器人、建筑材料等。

(10) 仿真验证和地面试验技术　建立月球基地的技术跨越性大,关键技术多,无论是基地的构建技术、能源供应,还是月球表面系统的自主控制、遥操作、延时通信等问题都要通过仿真和地面试验加以验证。

目前,美、俄等国都已开始在地球上建立月球基地地面演示验证系统。

载人登月

　　到目前为止,月球是人类唯一踏足过的地外天体。美国在 20 世纪 60~70 年代实施的阿波罗载人登月计划,谱写了人类航天史上最辉煌的篇章。

　　距"阿波罗 17 号"最后一次登月已经过去 30 多年了,世界上还没有第二个国家实现载人登月。这不仅因为载人登月是一项极高风险、耗资巨大的活动,更因为它具有极高的技术难度,对一个国家的综合技术能力有着很高的要求。

　　2004 年 1 月,美国公布了其雄心勃勃的新太空计划(图 8-3),宣布最早将于 2018 年送宇航员重返月球。这一计划无疑又一次激起了人类重返月球的热情。欧洲空间局、俄罗斯甚至印度也都表示有计划实施载人登月。

美国新太空计划

　　根据美国新一轮登月任务的初期时间表(图 8-4),美国国家宇航局计划将选派 4 名宇航员,最早于 2018 年再次登陆月球,登月宇航员在月球表面停留 7 天后乘"上升舱"返回月球轨道。

　　登月任务中将采用新一代宇宙飞船系统,新型载人飞船最

图 8-3　这是美国国家宇航局的一幅宣传画,图中英文意为"我们正在创造未来"

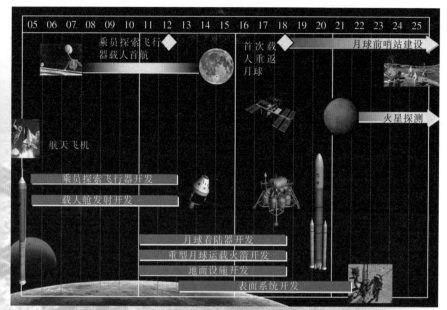

图 8-4 美国新一轮登月任务初期时间表

多将能同时搭载 6 名宇航员遨游太空。在必要的情况下,这种新型飞船还能够与国际空间站等地球轨道飞行器实行对接,完成运载宇航员或输送补给物资等飞行任务。据美国国家宇航局局长格里芬(Michael Douglas Griffin,图 8-5)证实,初期登月项目整体预算将首

图 8-5 2005 年 6 月 28 日,格里芬(右)就任美国国家宇航局局长,美国副总统切尼(Dick Cheney)在白宫为其主持就职宣誓仪式,手持《圣经》者是格里芬夫人雷贝卡·格里芬(Rebecca Griffin)

次突破千亿美元,规模达到 1040 亿美元。

登月计划按计划将于 2010 年全面加快进展,登月所需的所有飞船估计要到 2018 年完工。在最初的月球探险任务中,登月宇航员将会在月球表面停留最多 7 天的时间,而对于整项远征登月计划而言,在未来逐步成熟后的登月任务中,宇航员很可能都会在月球上停留长达 6 个月的时间,以进行长期深入的月球探索活动,这一时间将接近现阶段国际空间站上每批宇航员的停留时间。

从此次登月计划蓝图中看,新型载人飞船在返航降落过程中也将预先抛弃外挂补给舱,这些运输物资设备的"补给舱"将采用与原先"阿波罗"任务中类似的方式借助降落伞减速并降落海中。为保证在返回地球时,飞船补给舱能够在海中降落,搭载宇航员的飞船将很可能选择美国西海岸作为陆地降落区,比如加州的爱德华空军基地。

与上世纪"阿波罗"登月不同,当时的"阿波罗登月器"只能降落在月球赤道附近区域,而在此次全新的登月计划中,从理论上讲只要是科学家们感兴趣的地区,登月宇航员可以控制新型"登月器"降落在月球上任何区域。格里芬在介绍中表示:"从设计结构上看,新一代的登月飞行器联合体系,可以进行月球全球范围的登陆和探测活动。"由于此前研究人员曾在月球南极区域发现有水冰的存在,因此那里将很可能成为 2018 年登月任务的首选着陆区。对于登月次数的问题,格里芬局长表示,一旦登月任务成功实现,其后每年都将至少再进行 2 次类似的登月活动。

新载人登月过程主要有如下 7 大步骤(图 8-6):

(1) 先将"地球出发推进舱+登月器"和"乘员探索飞行器"分别通过火箭发射到地球轨道上;

(2) "乘员探索飞行器"将在地球轨道上和"地球出发推进舱+登月器"进行对接;

(3) "地球出发推进舱"点火,将"乘员探索飞行器+登月器"送

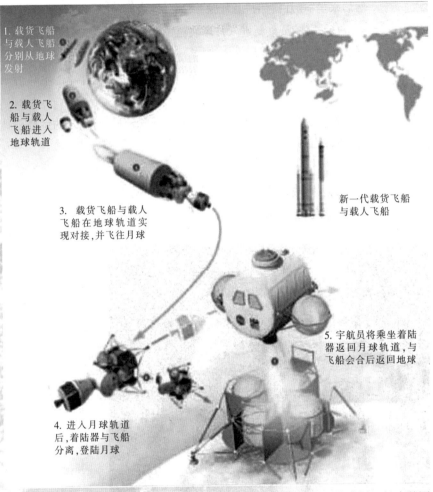

1. 载货飞船与载人飞船分别从地球发射

2. 载货飞船与载人飞船进入地球轨道

3. 载货飞船与载人飞船在地球轨道实现对接,并飞往月球

新一代载货飞船与载人飞船

5. 宇航员将乘坐着陆器返回月球轨道,与飞船会合后返回地球

4. 进入月球轨道后,着陆器与飞船分离,登陆月球

图 8-6　美国太空探索远景计划飞行步骤图

往月球;

　　(4) 飞船抵达月球轨道后,4 名宇航员将乘坐"登月器"一起登陆月球表面,而"乘员探索飞行器"则仍然运行在月球轨道上;

　　(5) 宇航员利用"地球出发推进舱"带去的 23 吨重"登月器",在月球表面建设 "月球基地",4 名宇航员将在月球呆上一周时间,

然后乘坐"登月器"的"上升舱"飞离月球表面；

（6）宇航员重新进入月球轨道上的"乘员探索飞行器"，飞回地球；

（7）返回舱将在美国西部的 3 个地点之一通过降落伞降落地面。

在新的载人登月计划中，公布了用于登月飞行的新的运载工具和探测器。

新的大型运载火箭

"阿波罗号"载人飞船是由"土星 5 号"火箭发射升空的，由于"土星 5 号"火箭已经停产 30 多年，美国国家宇航局设计了新的大型火箭以将人类再次送上月球。新火箭如图 8-7 所示，推进系统采用了航天飞机的推进器，同时拥有强大的推进力。发射装

图 8-7　美国为再次将宇航员送上月球而设计的新的大型火箭

置将由 5 个航天飞机的主引擎和大型助推火箭组成。火箭高达 40 层楼,其载重量可达 125 吨,几乎可以和"土星 5 号"媲美。每次发射的费用为 5.4 亿美元。

　　新型运载也十分注重安全保障,从安全因素考虑,宇航员乘坐的"乘员探索飞行器"安置于最高位置,而且特别设置"逃逸塔"系统,使航天飞行事故率从以往的 1/220 降低为现在的 1/2000,说明这套新型飞船系统在安全系数上将会远高于以往的航天飞机系统。

新一代载人飞船"乘员探索飞行器"

　　为了顺利完成登月任务,美国国家宇航局的工程师们正在开发新一代的"乘员探索飞行器"。它的任务是把宇航员送入近地球轨道以外的深层空间。乘员探索飞行器的外部防护层可以替换,而其本身能重复使用 10 次以上。最初的乘员探索飞行器能够容纳 3 人,每年能数次往返于地球和国际空间站之间。而未来更成熟的乘员探索飞行器则能够运送 6 人前往火星。

　　格里芬局长在介绍中表示,"以往的载人航天器都是针对低地球轨道飞行而设计制造的,因此要实现真正的登月飞行,新一代远程载人宇宙飞船将是整个计划的成败关键。"同时,由于这种全新的太空飞行器体系由不同飞行器联合构成,因此根据不同任务制定的飞行计划和飞船组合,将为今后的载人探月、人工维护哈勃太空望远镜,甚至是远征火星提供了飞行保障。

　　乘员探索飞行器从外形上看(图 8-8)和"阿波罗号"飞船的指令舱非常相似,但是空间大了一倍。它由指令舱和服务舱构成。指令舱是宇航员在飞行中生活和工作的座舱,也是乘员探索飞行器的控制中心。在重返月球之旅中,12 吨重的指令舱将依靠与其结合为一体的服务舱提供推动力,往返于地球和月球之间。

　　除了乘员探索飞行器,宇航员还需要登月器(着陆器+上升舱)(图 8-9)登陆月球。登月器的主要作用是帮助宇航员往返于月球轨

图8-8 美国新一代载人飞船"乘员探索飞行器"与登月器相连接的形象图

道和月球表面。它的构造也大致和"阿波罗号"一样,由"着陆器(或叫下降级)"和"上升舱"两大基本部分组成:着陆器是一个装载有火箭引擎的4腿登陆架,离开月球时,上升舱将与着陆器分离,把宇航员带回月球轨道。登月器能携带4名宇航员。

载人与载货飞船会合于地球轨道

运载火箭和载人登月探测器确定后,剩下的就是登月旅行的具体步骤。经过分析和计划,新的登月步骤大致和"阿波罗号"一致,但由于重返月球需要携带更多的宇航员和科学设备,其中又加入了

"地球轨道会合"中的某些方案。

新的登月之旅中,一枚推力强大的火箭将把"登月器"和"地球出发推进舱"送上太空,之后另一枚较小的火箭再把"乘员探索飞行器"送上太空,分别进入地球轨道后,"乘员探索飞行器"将与"登月器"

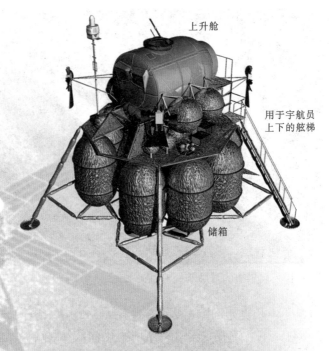

上升舱

用于宇航员
上下的舱梯

储箱

图8-9 美国新太空计划中的登月舱构型设想

和"地球出发推进舱"结合成一体。

此后,剩下的过程就大体和"阿波罗号"登月一样。4名宇航员将乘坐登月器着陆月球,一个星期后,登月器中的上升舱将离开月球表面,再次和等待在月球轨道上的乘员探索飞行器会合,返回地球。进入大气层之前,原本结合在一起的指令舱将抛弃服务舱,穿过大气层后,它将利用降落伞在陆地上着陆。但在着陆前,指令舱会掠过太平洋上空,如果情况紧急,它也能在水上降落。

环形山边建立月球基地

科学家认为,再次登上月球的价值不仅在于让人类进一步掌握月球的起源与地球的关系,更重要的则是以月球为跳板,探索离我

图 8-10　设想中的月球基地一景

们更远的星球,因此建造月球基地将是登月的最终目的(图 8-10)。

　　美国国家宇航局建议,从 2018 年开始,美国每年至少会进行两次登月任务,先遣的宇航员将利用月球上一切可利用的资源,最后建造一个月球基地。基地就像目前各国建在南极的科学考察站一样,将包括生活区、电站和通信系统等。有了固定基地以后,宇航员便可以进行长期试验,涉及的领域包括太空生物学、地理学、天文学和物理学等。还有一些研究会探索人类身体对低重力、高强度太阳辐射等外太空环境的反应。

　　目前,科学家已经找到了建造月球基地的首选理想地点——位于月球南极附近的沙克尔顿环形山。环形山的边缘有 80% 的时间处于阳光的照射之下。距离该处只有 10 千米的位置还有两个区域,总共 98% 的时间处于阳光的照射之下。科学家的设想是把生产电力的太阳能设施放置在阳光充足的区域,并通过微波或电缆与之相连。这样,位于沙克尔顿环形山边缘的区域就可以得到几乎源源不断的太阳能供应。月球的北极比南极较为平坦,但是那里可能会有面积达 1.3 万平方千米的永久性阴影区。

科学家还猜测,沙克尔顿环形山一带有较高浓度的氢元素储备,而氢是太空探测的主要燃料之一。同时在环形山内部的一些永久性阴影区可能藏有常年不化的冰。冰不仅可以满足月球定居者的饮用水需要,还可以为太空飞船生产燃料。借助这些月球本身的资源,宇航员能够建造发电、通信和导航系统,当然还包括人类探索月球先驱的住所。可能被选作建造基地的地点还包括月球北极、月球背面的三处地点以及"阿波罗号"在 1969 年着陆的静海。

月球基地必须拥有检测月球物质、基地成员健康状况和生活食品的试验舱,一个生活舱,一个不加压的储藏舱,一个加工月球物质的小型化工厂,一个带观测室和气闸门的连接舱以便宇航员出入月球表面,以及两辆月球探险车。宇航员将驾驶探险车在月球贫瘠的表面寻找燃料和水。长期驻扎在月球基地的成员应当包括指令长、机械师、机械技师、医生、地质学家、化学家和生物学家。基地成员每两个月轮换一次。每次大约更换 3 到 4 名工作人员。

利用化工厂生产的产品和建筑材料,宇航员能将其扩建成为人类飞往火星的基地,将实验室建设成生产能力为年产 10 万吨产品的月球基地。当然,要实现后面的步骤也许将是下一个世纪的事了。

载人登月前的机器人探测

为顺利实施载人登月,在此计划中还包含一系列预先的无人探测器任务。其目的主要是为载人登月提供信息,包括保证人身安全和任务成功所必须的关键知识,以及为载人登月构建必要的设施。其科学成果可指导后续的载人登月,验证可用于载人登月系统的技术,更多地了解月球南北极——月球前哨站的候选地,以及获取有关极区环境、极区沉积物、地形和表面特性等的重要信息。

无人探测任务将检验从地面进行操作,探测月球及更远天体的相关技术,并进行科学研究和资源开发利用。例如,科学研究包括以

月球作为自然实验室研究撞击坑、火山活动以及行星的形成过程，研究重力、辐射及行星环境对人体的影响等。就位资源利用则包括学习远离地球的生存，月球资源的挖掘、运输及加工等。

中国离载人登月还有多远

中国在成功实现"神舟五号"载人飞行后，已成为世界上第三个掌握载人航天技术的国家。未来几年将实施宇航员出舱活动，飞船在轨交会对接等活动，全面掌握载人飞行的各项关键技术。中国的月球探测工程，预计将在 2020 年前实现"绕、落、回"的三步走目标，基本掌握无人月球探测的各项关键技术。这些，都将为中国未来的载人登月奠定良好的基础。

即使如此，中国离载人登月也还有不小的距离。

首先是运载火箭能力的问题。要实现载人登月，完成奔月飞行、着陆、月面起飞与返回等多个步骤，登月飞船系统是很庞大的。"阿波罗号"登月飞船系统的发射质量就达到了近 46 吨！这样的一个庞然大物，需要强大的运载火箭，才能把它送入奔月轨道。目前中国的运载火箭还远远达不到这样的发射能力。或者也可以采取把飞船分段发射到地球转移轨道，经过在轨交会对接组装后再飞向月球。这势必给舱段的设计、发射保障、在轨交会对接等带来大量难题。

其次是宇航员生命保障系统的能力问题。中国目前的飞船只能乘坐 2~3 名宇航员，实现 7 天左右的飞行。而为了实现载人登月，一般至少需要 3 名宇航员，往返一次至少需考虑两周的时间，这些对宇航员生命保障系统提出了更高的要求。

事实上，载人航天器与无人航天器在设计思路上有着本质的不同，即使中国已经实现了无人月球探测的三步走战略，也仍然在载人登月技术上存在较大的差距。只有开展大量的关键技术攻关，同时依靠国家整体技术能力的提升，才能使载人登月的梦想早日实现（图 8-11）！

图 8-11 未来的某一天,中国宇航员把五星红旗插上月球

载人登月、建立月球基地、以月球为中转站飞向火星……月球探测已经为人类展现了越来越广泛的开发利用前景。相信在不久的将来,我们地球的这个邻居一定可以更好地被人类所了解,为地球人类的可持续发展发挥更大的作用。

附录 迄 2007 年 9 月世界各国发射的月球探测器概况

序号	名 称	发射质量 (千克)	发射日期 (年.月.日)	发射 国家	火 箭	任务类型	说 明
1	先驱者 0 号 (Pioneer 0)	38.1	1958.08.17	美国	雷神–艾布尔号 (Thor–Able)	月球轨道器	火箭在 16 千米高度第一级爆炸
2	月球 1958A 号 (Луна 1958A)	360	1958.09.23	苏联	东方号 (Восток)	月球碰撞	发射后 92 秒失败
3	先驱者 1 号 (Pioneer 1)	34.2	1958.10.11	美国	雷神–艾布尔号 (Thor–Able)	月球轨道器	未达到地球逃逸速度，飞行 43 小时 17 分钟，高度达 113854 千米
4	月球 1958B 号 (Луна 1958B)	360	1958.10.12	苏联	东方号 (Восток)	月球碰撞	发射后 100 秒火箭爆炸
5	先驱者 2 号 (Pioneer 2)	39.2	1958.11.08	美国	雷神–艾布尔号 (Thor–Able)	月球轨道器	火箭第三级失败
6	月球 1958C 号 (Луна 1958C)	360	1958.12.04	苏联	东方号 (Восток)	月球碰撞	发射后 245 秒火箭第一级失败
7	先驱者 3 号 (Pioneer 3)	58.7	1958.12.06	美国	朱诺 II 号 (Juno II)	月球飞越	发射成功，但未进入月球轨道而失败
8	月球 1 号 (Луна 1)	361	1959.01.02	苏联	东方号 (Восток)	月球飞越	未击中月球，第一个飞越月球的探测 器，在离月球 5995 千米处飞越，获取 了月球照片
9	先驱者 4 号 (Pioneer 4)	61	1959.03.03	美国	朱诺 II 号 (Juno II)	月球飞越	离月球 59983 千米处远距离飞越月 球
10	月球 1959A 号 (Луна 1959A)	390	1959.06.16	苏联	东方号 (Восток)	月球碰撞	未进入地球轨道

（续表）

序号	名称	发射质量（千克）	发射日期（年.月.日）	发射国家	火箭	任务类型	说明
11	月球2号（Луна 2）	390.2	1959.09.12	苏联	东方号（Восток）	月球碰撞	第一个撞击月球表面的探测器
12	月球3号（Луна 3）	278.5	1959.10.04	苏联	东方号（Восток）	月球飞越	离月球64360千米处飞越月球，第一次发回了月球背面照片
13	能力4号（Atlas-Able 4）	168.7	1959.11.26	美国	宇宙神-艾布尔（Atlas-Able）	月球轨道器	发射失败
14	月球1960A（Луна 1960A）	278.5	1960.04.15	苏联	东方号（Восток）	月球飞越	第二级火箭过早关闭，未达到地球轨道
15	月球1960B（Луна 1960B）	278.5	1960.04.18	苏联	东方号（Восток）	月球飞越	点火失败，在发射基座上爆炸
16	能力5A号 Atlas-Able 5A	175.5	1960.09.25	美国	宇宙神-艾布尔（Atlas-Able）	月球轨道器	发射失败
17	能力5B号 Atlas-Able 5B	175	1960.12.15	美国	宇宙神-艾布尔（Atlas-Able）	月球轨道器	发射失败
18	徘徊者1号（Ranger 1）	306.2	1961.08.23	美国	宇宙神-阿金纳B号（Atlas-Agena B）	月球试验	高地球轨道试验飞行，离开低地球轨道时失败
19	徘徊者2号（Ranger 2）	304	1961.11.18	美国	宇宙神-阿金纳B号（Atlas-Agena B）	月球试验	高地球轨道试验飞行，离开低地球轨道时失败
20	徘徊者3号（Ranger 3）	329.8	1962.01.26	美国	宇宙神-阿金纳B号（Atlas-Agena B）	月球着陆	飞越月球，获取一些有用的辐射数据

（续表）

序号	名　称	发射质量（千克）	发射日期（年.月.日）	发射国家	火　箭	任务类型	说　明
21	徘徊者 4 号（Ranger 4）	331.1	1962.04.23	美国	宇宙神–阿金纳 B 号（Atlas–Agena B）	月球着陆	探测失败，美国第一个击中月球的探测器
22	徘徊者 5 号（Ranger 5）	342.6	1962.10.18	美国	宇宙神–阿金纳 B 号（Atlas–Agena B）	月球着陆	探测失败，725 千米高处飞越月球
23	月球 1963A 号（Луна 1963A）	1420	1963.01.04	苏联	闪电号（Молния）	月球着陆	未脱离地球轨道
24	月球 1963B 号（Луна 1963B）	1420	1963.02.02	苏联	闪电号（Молния）	月球着陆	未进入地球轨道
25	月球 4 号（Луна 4）	1422	1963.04.02	苏联	闪电号（Молния）	月球着陆	未进入月球轨道，离月球 8529 千米
26	徘徊者 6 号（Ranger 6）	364.69	1964.01.30	美国	宇宙神–阿金纳 B 号（Atlas–Agena B）	月球碰撞	摄像系统失败，无数据返回
27	月球 1964A 号（Луна 1964A）	1420	1964.03.21	苏联	SL–6/A–2–e	月球着陆	发射失败
28	月球 1964B 号（Луна 1964B）	1420	1964.04.20	苏联	闪电 M 号（Молния–M）	月球着陆	未进入地球轨道
29	探测器 1964A 号（Зонд 1964A）	1420	1964.06.04	苏联	SL–6/A–2–e	月球飞越	计划飞越月球，但发射失败
30	徘徊者 7 号（Ranger 7）	365.7	1964.07.28	美国	宇宙神–阿金纳 B 号（Atlas–Agena B）	月球碰撞	撞击月球前发送了 4316 幅电视画面和照片

（续表）

序号	名　称	发射质量（千克）	发射日期（年.月.日）	发射国家	火　箭	任务类型	说　明
31	徘徊者8号（Ranger 8）	367	1965.02.17	美国	宇宙神–阿金纳B号（Atlas–Agena B）	月球碰撞	撞击月球前发送了7137幅高分辨率照片
32	宇宙60号（Космос 60）	6530	1965.03.12	苏联	闪电号（Молния）	月球着陆	软着陆器，但未脱离地球轨道而失败
33	徘徊者9号（Ranger 9）	367	1965.03.21	美国	宇宙神–阿金纳B号（Atlas–Agena B）	月球碰撞	撞击月球前发送了5814幅高分辨率照片
34	月球1965A号（Луна 1965A）	1470	1965.04.10	苏联	闪电号（Молния）	月球着陆	未进入地球轨道
35	月球5号（Луна 5）	1476	1965.05.09	苏联	闪电M号（Молния–М）	月球着陆	减速发动机失败，坠毁在月球表面
36	月球6号（Луна 6）	1442	1965.06.08	苏联	闪电M号（Молния–М）	月球着陆	未进入月球轨道，离月球161 000千米处进入太阴轨道
37	探测器3号（Зонд 3）	960	1965.07.18	苏联	闪电号（Молния）	月球飞越	发回月球背面照片
38	月球7号（Луна 7）	1504	1965.10.04	苏联	闪电号（Молния）	月球着陆	着陆命令序列失败，坠毁在月球表面
39	月球8号（Луна 8）	1550	1965.12.03	苏联	闪电M号（Молния–М）	月球着陆	减速发动机时间延迟，坠毁在月球表面
40	月球9号（Луна 9）	1580	1966.01.31	苏联	闪电M号（Молния–М）	月球着陆	第一个月球软着陆飞行器，第一次返回月表图像

（续表）

序号	名　称	发射质量（千克）	发射日期（年.月.日）	发射国家	火　箭	任务类型	说　明
41	宇宙111号（Космос 111）	6540	1966.03.01	苏联	闪电M号（Молния–M）	月球轨道器	未脱离地球轨道
42	月球10号（Луна 10）	1582	1966.03.31	苏联	闪电M号（Молния–M）	月球轨道器	第一个环月探测器，近月距35千米，远月距1015千米，与地面保持联系56天
43	月球1966A号（Луна 1966A）	995	1966.04.30	苏联	闪电M号（Молния–M）	月球轨道器	未进入地球轨道
44	勘测者1号（Surveyor 1）	995.20	1966.05.30	美国	宇宙神–半人马号（Atlas–Centaur）	月球着陆	第一个真正的月球软着陆器，向地球发送11237幅照片
45	探险者33号（Explorer 33）	212	1966.07.01	美国	德尔塔号（Delta）	月球轨道器	进入高地球轨道，但未进入月球轨道
46	月球轨道器1号（Lunar orbiter 1）	385.6	1966.08.10	美国	宇宙神–阿金纳D号（Atlas–Agena D）	月球轨道器	第二个月球轨道器，近月距40~190千米，远月距1815~1865千米，进行摄影测量，向地球发回207幅月球照片
47	月球11号（Луна 11）	3616	1966.08.24	苏联	闪电M号（Молния–M）	月球轨道器	第三个月球轨道器，近月距165千米，远月距1195千米，携带的电视系统可能失败
48	勘测者2号（Surveyor 2）	995.20	1966.09.20	美国	宇宙神–半人马号（Atlas–Centaur）	月球着陆	在月球表面坠毁
49	月球12号（Луна 12）	1620	1966.10.22	苏联	闪电M号（Молния–M）	月球轨道器	第四个月球轨道器，近月距100千米，远月距1740千米，拍摄电视图像
50	月球轨道器2号（Lunar orbiter 2）	385.6	1966.11.06	美国	宇宙神–阿金纳D号	月球轨道器	第五个月球轨道器，进行摄影测量

（续表）

序号	名　称	发射质量（千克）	发射日期（年.月.日）	发射国家	火　箭	任务类型	说　明
51	月球13号（Луна 13）	1700	1966.12.21	苏联	闪电M号（Молния-М）	月球着陆	第三次着陆月球，进行月壤力学性质测定，拍摄电视全景照片
52	阿波罗1号（Apollo 1）	—	1967.01.27	美国	土星IB AS-204号（Saturn IB AS-204）	月球试验	载人飞行试验，座舱失火，3名宇航员丧生
53	月球轨道器3号（Lunar orbiter 3）	385.6	1967.02.04	美国	宇宙神-阿金纳D号（Atlas-Agena D）	月球轨道器	第六个月球轨道器，近月距55千米，近月距1845千米，进行摄影测量，发回211幅电视照片
54	宇宙146（Космос 146）	5017	1967.03.10	苏联	Протон К/Блок D	月球返回器	失败
55	宇宙154（Космос 154）	5600	1967.04.08	苏联	Протон К/Блок D	月球返回器	Block D的第二次点火失败
56	勘测者3号（Surveyor 3）	997.9	1967.04.17	美国	宇宙神-半人马号（Atlas-Centaur）	月球着陆	第四个月球着陆器，发回6315幅电视照片
57	月球轨道器4号（Lunar orbiter 4）	385.6	1967.05.04	美国	宇宙神-阿金纳D号（Atlas-Agena D）	月球轨道器	第七个月球轨道器，进行摄影测量，发回193幅月面电视照片
58	勘测者4号（Surveyor 4）	1037.4	1967.07.14	美国	宇宙神-半人马号（Atlas-Centaur）	月球着陆	准备软着陆，但失去联系
59	探险者35号（Explorer 35）	104.3	1967.07.19	美国	德尔塔号（Delta）	月球轨道器	第八个月球轨道器
60	月球轨道器5号（Lunar orbiter 5）	385.6	1967.08.01	美国	宇宙神-阿金纳D号（Atlas-Agena D）	月球轨道器	第九个月球轨道器，进行摄影测量，发回212幅月面电视照片

（续表）

序号	名　称	发射质量（千克）	发射日期（年.月.日）	发射国家	火　箭	任务类型	说　明
61	勘测者5号（Surveyor 5）	1006	1967.09.08	美国	宇宙神－半人马号（Atlas-Centaur）	月球着陆	第五个月球着陆器，发回18000幅电视照片以及月球表面的雷达和热辐射数据，首次进行月球土壤化学分析
62	探测器1967A号（Зонд 1967A）	5375	1967.09.28	苏联	质子K加组件Ⅱ（Протон-K+блок Ⅱ）	月球试验	第一级火箭失败
63	勘测者6号（Surveyor 6）	1008.3	1967.11.07	美国	宇宙神－半人马号（Atlas-Centaur）	月球着陆	第六个月球着陆器，发回29500幅电视照片和化学分析数据
64	阿波罗4号（Apollo 4）	—	1967.11.09	美国	土星5号（Saturn 5）	月球试验	载人环月飞行，载人轨道器进入月球轨道
65	探测器1967B号（Зонд 1967B）	5375	1967.11.22	苏联	质子K加组件Ⅱ（Протон-K+блок Ⅱ）	月球试验	第二级火箭发动机失败
66	勘测者7号（Surveyor 7）	1040.10	1968.01.07	美国	宇宙神－半人马号（Atlas-Centaur）	月球试验	第七个月球着陆器，发回21274幅电视照片和化学分析数据
67	阿波罗5号（Apollo 5）	—	1968.01.22	美国	土星5号（Saturn 5）	月球着陆	第一个登月舱试验，检验登月舱上升和下降的动力系统运行情况，评估登月舱的分段运行情况等
68	月球1968A号（Луна 1968A）	—	1968.02.07	苏联	闪电M号（Молния-M）	月球轨道器	未进入地球轨道
69	探测器4号（Зонд 4）	5140	1968.03.02	苏联	质子K加组件Ⅱ（Протон-K+блок Ⅱ）	月球远距离测试	载人试验
70	阿波罗6号（Apollo 6）	—	1968.04.04	美国	土星5号（Saturn 5）	无人飞行试验	第三级火箭失败

（续表）

序号	名称	发射质量（千克）	发射日期（年.月.日）	发射国家	火箭	任务类型	说明
71	月球14号（Луна 14）	1700	1968.04.07	苏联	闪电M号（Молния-M）	月球轨道器	第十个月球轨道器，进行重力场探测
72	探测器1968A号（Зонд 1968A）	5375	1968.04.23	苏联	质子K加组件Д（Протон-К+блок Д）	月球试验	因控制电路短路被迫在260秒时关闭火箭第二级
73	探测器5号（Зонд 5）	5375	1968.09.14	苏联	质子K加组件Д（Протон-К+блок Д）	月球飞越	地心轨道，绕过月球后返回，成功进行生物标本辐射损伤实验
74	阿波罗7号（Apollo 7）	—	1968.10.11	美国	土星5号（Saturn 5）	载人飞行试验	"阿波罗计划"中第一次载人飞行试验，验证飞船性能和宇航员在地球轨道的活动能力
75	探测器6号（Зонд 6）	5375	1968.11.10	苏联	质子K加组件Д（Протон-К+блок Д）	月球飞越	到达月球后返回地球，测试载人飞行
76	阿波罗8号（Apollo 8）	28817	1968.12.21	美国	土星5号（Saturn 5）	月球轨道器	第一次载人环月飞行
77	探测器1969A号（Зонд 1969A）	5375	1969.01.20	苏联	质子K加组件Д（Протон-К+блок Д）	月球试验	发射后25秒第二级发动机关闭
78	月球1969A号（Луна 1969A）	5700	1969.02.19	苏联	质子K加组件Д（Протон-К+блок Д）	月球车	月球车，发射后40秒爆炸
79	探测器L1S-1号（Зонд L1S-1）	5600	1969.02.21	苏联	SL-15/N-1	环月飞行	发射后70秒爆炸
80	阿波罗9号（Apollo 9）	—	1969.03.03	美国	土星V AS-504号（Saturn V AS-504）	环月飞行	载人环月飞行，模拟登月

（续表）

序号	名称	发射质量（千克）	发射日期（年.月.日）	发射国家	火箭	任务类型	说明
81	月球1969B号（Луна 1969B）	5600	1969.04.15	苏联	质子K加组件Д（Протон-К+блок Д）	月球取样	发射失败
82	阿波罗10号（Apollo 10）	28834	1969.05.18	美国	土星5号（Saturn 5）	月球轨道器	载人环月飞行，模拟登月
83	月球1969C号（Луна 1969C）	5600	1969.06.14	苏联	质子K加组件Д（Протон-К+блок Д）	月球取样	失败
84	探测器L1S-2号（Зонд L1S-2）	5600	1969.07.03	苏联	SL-15/Л-1	环月飞行	发射后5秒爆炸
85	月球15号（Луна 15）	5700	1969.07.13	苏联	质子K加组件Д（Протон-К+блок Д）	月球取样	月球着陆器，尝试着陆时撞毁
86	阿波罗11号（Apollo 11）	28801	1969.07.16	美国	土星5号（Saturn 5）	月球着陆	第一次载人登月，月面停留21小时36分钟，宇航员工作2小时10分钟，采集样品28千克
87	探测器7号（Зонд 7）	5979	1969.08.08	苏联	质子K加组件Д（Протон-К+блок Д）	月球飞越	返回地球，试验载人飞行
88	宇宙300号（Космос 300）	5600	1969.09.23	苏联	质子K加组件Д（Протон-К+блок Д）	月球取样	未脱离地球轨道
89	宇宙305号（Космос 305）	5600	1969.10.22	苏联	质子K加组件Д（Протон-К+блок Д）	月球取样	未脱离地球轨道
90	阿波罗12号（Apollo 12）	28790	1969.11.14	美国	土星5号（Saturn 5）	月球着陆	第二次载人登月，月面停留31小时31分钟，宇航员工作约8小时，采集样品34千克

（续表）

序号	名　称	发射质量（千克）	发射日期（年.月.日）	发射国家	火　箭	任务类型	说　明
91	月球1970A号（Луна 1970A）	5700	1970.02.06	苏联	质子K加组件Ⅱ（Протон-К+блок Д）	月球取样	未进入地球轨道
92	月球1970B号（Луна 1970B）	5700	1970.02.19	苏联	质子K加组件Ⅱ（Протон-К+блок Д）	月球取样	失败
93	阿波罗13号（Apollo 13）	28945	1970.04.11	美国	土星5号（Saturn 5）	月球着陆	发生故障后绕过月球返回地球
94	月球16号（Луна 16）	5600	1970.09.12	苏联	质子K加组件Ⅱ（Протон-К+блок Д）	月球取样	无人月球轨道器，第一次无人取样返回，采集样品约0.12千克
95	探测器8号（Зонд 8）	5375	1970.10.20	苏联	质子K加组件Ⅱ（Протон-К+блок Д）	月球飞掠	返回地球，测试载人探测器
96	月球17号（Луна 17）	5600	1970.11.10	苏联	质子K加组件Ⅱ（Протон-К+блок Д）	月球车	无人月球轨道器，第一辆无人驾驶月球车"月球车1号"（Луноход 1，工作11个月，行走10.54千米），返回22000幅图像
97	阿波罗14号（Apollo 14）	29929	1971.01.31	美国	土星5号（Saturn 5）	月球着陆	第三次载人登月，月面停留33小时30分钟，宇航员工作9小时29分钟，采集样品42.64千克
98	阿波罗15号（Apollo 15）	30371	1971.07.26	美国	土星5号（Saturn 5）	月球着陆	第四次载人登月，月面停留66小时55分钟，宇航员工作18小时36分钟，采集样品77.5千克，月球车行程27千米，从飞船上释放子卫星

（续表）

序号	名称	发射质量(千克)	发射日期(年.月.日)	发射国家	火箭	任务类型	说明
99	月球18号 (Луна 18)	5600	1971.09.02	苏联	质子K加组件II (Протон-К+блок д)	月球取样	尝试着陆时坠毁在月球表面
100	月球19号 (Луна 19)	5600	1971.09.28	苏联	质子K加组件II (Протон-К+блок д)	月球轨道器	环月飞行,返回图像,与地球保持联系1年
101	月球20号 (Луна 20)	5600	1972.02.14	苏联	质子K加组件II (Протон-К+блок д)	月球取样	第二次无人月球取样返回,样品50克
102	阿波罗16号 (Apollo 16)	30354	1972.04.16	美国	土星5号 (Saturn 5)	月球着陆	第五次载人登月,月面停留71小时02分钟,宇航员工作20小时14分钟,采集样品96.4千克,月球车行程27.1千米,从飞船上释放子卫星
103	联盟L3号 (Союз L3)	7500	1972.11.23	苏联	SL-15/N-1	远距离月球探测	发射后107秒爆炸
104	阿波罗17号 (Apollo 17)	30320	1972.12.07	美国	土星5号 (Saturn 5)	月球着陆	第六次载人登月,月面停留74小时59分38秒,宇航员工作22小时05分钟,采集样品12.5千克,月球车行程36千米
105	月球21号 (Луна 21)	5950	1973.01.08	苏联	质子K加组件II (Протон-К+блок д)	月球车	第二辆月球车"月球车2号"(Луноход 2,行走37千米),传回80000多幅电视图像
106	探险者49号 (Explorer 49)	328	1973.06.10	美国	德尔塔号 (Delta)	月球轨道器	环月飞行成功
107	月球22号 (Луна 22)	4000	1974.05.29	苏联	质子K加组件II (Протон-К+блок д)	月球轨道器	月球轨道器,进行摄影测量,与地球保持联系15个月

（续表）

序号	名　称	发射质量（千克）	发射日期（年.月.日）	发射国家	火　箭	任务类型	说　明
108	月球23号（Луна 23）	5600	1974.10.28	苏联	质子K加组件Д（Протон–К+блок Д）	月球取样	成功着陆月球,但取样器损坏(3天后放弃)
109	月球1975A号（Луна 1975A）	—	1975.10.16	苏联	质子K加组件Д（Протон–К+блок Д）	月球取样	未进入地球轨道
110	月球24号（Луна 24）	5800	1976.08.09	苏联	质子K加组件Д（Протон–К+блок Д）	月球取样	第9次采样返回,取深处月壤样品约170克
111	飞天号（Hiten）	197.4	1990.01.24	日本	M3SII	月球飞越	3月19日"羽衣号"子卫星进入月球轨道,1992年2月8日"飞天号"探测器也成为月球轨道器
112	克莱门汀号（Clementine）	227	1994.01.25	美国	大力神2G号（Titan 2G）	月球轨道器	2月19日至5月4日在月球轨道飞行,原定8月31日飞越小行星"地理星",但因推进剂耗尽而取消该任务
113	月球勘探者号（Lunar Prospector）	295	1998.01.07	美国	雅典娜2号（LMLV–2）	月球轨道器	高分辨水冰探测,磁场测量,重力场制图和元素制图
114	智慧1号（SMART–1）	367	2003.09.27	欧洲空间局	阿里安5号（Arian 5）	月球轨道器	主要目标是测试太阳能离子驱动技术。探测月球地质,形貌,矿物,地球化学和外部环境等
115	月神号（SELENE）	2985	2007.09.14	日本	H2A号（H–IIA）	月球轨道器	主要目标为高精度三维成像,物质成分,重力场测量,对地极紫外观测等

图书在版编目(CIP)数据

翱翔九天：从人造卫星到月球探测器/张熇著.—上海：
上海科技教育出版社,2007.10(2023.8重印)
(嫦娥书系;4/欧阳自远主编)
ISBN 978-7-5428-4114-8

I.翱… II.张… III.①人造卫星—普及读物②月球
探测器—普及读物 IV.V423.4-49 V476.3-49

中国版本图书馆CIP数据核字(2007)第132507号

嫦娥书系

欧阳自远 主编

翱翔九天 从人造卫星到月球探测器

张　熇 著

丛书策划 卞毓麟
责任编辑 卞毓麟
装帧设计 汤世梁

出版发行 上海科技教育出版社有限公司
(上海市闵行区景路159弄A座8楼　　邮政编码201101)
网　　址 www.sste.com　www.ewen.cc
经　　销 各地新华书店
印　　刷 天津旭丰源印刷有限公司
开　　本 890 × 1240　1/32
字　　数 169 000
印　　张 6.75
版　　次 2007年10月第1版
印　　次 2023年8月第3次印刷
书　　号 ISBN 978-7-5428-4114-8/P·15
定　　价 42.00元